Rifaat Abdalla
Marwa Esmail

Zaawansowane koncepcje teledetekcji

Rifaat Abdalla
Marwa Esmail

Zaawansowane koncepcje teledetekcji

Wydawnictwo Bezkresy Wiedzy

Cover image: www.ingimage.com

This book is a translation from the original published under ISBN 978-620-0-43949-9.

Publisher:
Wydawnictwo Bezkresy Wiedzy
is a trademark of
Dodo Books Indian Ocean Ltd., member of the OmniScriptum S.R.L Publishing group
str. A.Russo 15, of. 61, Chisinau-2068, Republic of Moldova Europe
Printed at: see last page
ISBN: 978-620-0-81340-4

Zaawansowane koncepcje teledetekcji

Spis treści

Przedmowa

Książka ta próbuje zapewnić teledetekcję z różnych towarzyszących podstawowych koncepcji teledetekcji wraz z zaawansowanymi tematami, takimi jak Big Data, sztuczna inteligencja i sieci neuronowe. Książka stanowi dobre odniesienie dla starszych studentów studiów licencjackich i podyplomowych, którzy szukają podstawowych pojęć teledetekcji i jak to jest związane z zaawansowanymi pojęciami, od strony aplikacji.

Pierwszy rozdział poświęcony jest podstawom technologii teledetekcji i jej rozwojowi od fotografii balonowej, przez lotniczą, po wielo-spektralne obrazowanie satelitarne. Charakterystyka interakcji promieniowania ziemi i atmosfery w różnych regionach widma elektromagnetycznego są bardzo przydatne do identyfikacji i charakteryzowania cech ziemi i atmosfery. Podkreśla on teledetekcji jako dyscypliny naukowej, która integruje szeroki zestaw wiedzy i technologii wykorzystywanych do obserwacji, analizy i interpretacji zjawisk naziemnych i atmosferycznych. Jej głównymi źródłami informacji są środki i obrazy uzyskane za pomocą platform powietrznych i kosmicznych.

W drugim rozdziale omówiono podstawy fizyczne technologii teledetekcji oraz sposób zbierania danych o miejscach niedostępnych lub niebezpiecznych, które nie są łatwo dostępne za pomocą metod naziemnych. Wprowadza on fizyczne pojęcia energii elektromagnetycznej, która rozprzestrzenia się w przestrzeni w postaci fal, charakteryzuje się występowaniem zarówno pola elektrycznego jak i magnetycznego. Teledetekcja działa w kilku regionach widma elektromagnetycznego, część widma UV ma najkrótsze długości fal, podczas gdy regiony termiczne i mikrofalowe są dłuższymi falami, które są praktyczne do wykorzystania przez teledetekcję. Każde pasmo widma dostarcza konkretnych informacji o cechach Ziemi. Na przykład, podczerwień cieplna daje informacje o temperaturze powierzchni, a mikrofale mogą dostarczyć informacji o chropowatości powierzchni. Widoczny obszar promieniowania słonecznego jest związany z różnymi kolorami, z których widma niebieski, zielony i czerwony są znane jako podstawowe kolory widma widzialnego.

Rozdział trzeci poświęcony jest podestom i czujnikom zdalnego sterowania, zwraca uwagę na to, jak czujniki powinny być montowane na odpowiednich stabilnych podestach. Platformy te mogą być naziemne lub kosmiczne. Wraz ze wzrostem wysokości podestu zwiększa się rozdzielczość przestrzenna i powierzchnia obserwacyjna. Dzięki temu czujnik jest montowany wyżej, a rozdzielczość przestrzenna i widok synoptyczny są większe. Typy lub właściwości platformy zależą od typu czujnika, który ma być zamontowany i jego zastosowania. Platformy dla czujników zdalnych mogą być umieszczone na ziemi, na statku powietrznym lub balonie (lub innej platformie w atmosferze ziemskiej), lub na statku kosmicznym lub satelicie poza atmosferą ziemską. Typowymi platformami są satelity i statki powietrzne, ale mogą one również obejmować samoloty sterowane drogą radiową, zestawy balonów do zdalnego wykrywania na niskich wysokościach.

W rozdziale czwartym przedstawiono przetwarzanie obrazów za pomocą teledetekcji oraz sposób, w jaki cyfrowe przetwarzanie obrazów odgrywa istotną rolę w analizie i interpretacji danych pochodzących z teledetekcji. Zwłaszcza dane uzyskane za pomocą teledetekcji satelitarnej, która ma postać cyfrową, mogą być najlepiej wykorzystane przy pomocy cyfrowego przetwarzania obrazu. Ulepszanie obrazu i ekstrakcja informacji są dwoma ważnymi elementami przetwarzania obrazu cyfrowego. Techniki ulepszania obrazu pomagają poprawić widoczność dowolnej części lub funkcji obrazu, eliminując informacje w innych częściach lub funkcjach.

Rozdział piąty zawiera połączenie pomiędzy GIS-em a teledetekcją. Wyjaśnia on, w jaki sposób rosnąca dostępność technologii teledetekcji pomaga nam obserwować badania i poznawać nasz świat w sposób, jaki mogliśmy sobie tylko wyobrazić pokolenie temu. W szybko rozwijającej się technologii GIS wskazówki do głębokiego zrozumienia historycznych, koncepcyjnych i praktycznych zastosowań teledetekcji. Od tego czasu ta potężna technologia wspiera wiele dziedzin.

Szósty rozdział jest o Teledetekcji i rosnącym trendzie Big Data. Każdego dnia duża liczba kosmicznych i powietrznych czujników obserwacyjnych Ziemi (EO) z wielu różnych krajów dostarcza ogromną ilość danych zdalnie sterowanych. Dane te są wykorzystywane do różnych zastosowań, takich jak monitorowanie zagrożeń naturalnych, globalna zmiana klimatu, planowanie przestrzenne itp. Zastosowania te są oparte na danych i w większości przypadków mają charakter interdyscyplinarny. Na tej podstawie można rzeczywiście stwierdzić, że żyjemy obecnie w epoce dużych ilości danych pochodzących z teledetekcji. Co więcej, dane te stają się aktywem gospodarczym i nowym ważnym zasobem w wielu zastosowaniach. Wielkie dane z dziedziny teledetekcji mogą zawierać różne dane teledetekcyjne z różnych spektralnych współczynników odbicia, różnych rozdzielczości przestrzennych gruntu i różnych lokalizacji (takich jak optyczne, radarowe, mikrofalowe, itp.), jak również dane z innych dziedzin, takich jak archeologia, demografia, ekonomia (co odnosi się do "różnorodności" trzech V właściwości wielkich danych).

Rozdział siódmy jest o teledetekcji i sztucznej inteligencji. Sztuczna inteligencja (AI) jest nauką i technologią opartą na takich dyscyplinach jak informatyka, biologia, psychologia, lingwistyka, matematyka i inżynieria. Celem sztucznej inteligencji jest rozwój komputerów, które potrafią myśleć, widzieć, słyszeć, chodzić, mówić i czuć. Niektóre z zaawansowanych aplikacji teledetekcji zapewniają dokładne klasyfikacje pokrycia terenu, a szacunki biofizyczne uzyskane na podstawie danych teledetekcyjnych są ważne dla generowania produktów mapowych i dostarczają informacji o zmieniającej się powierzchni Ziemi. Klasyfikacje statystyczne są często używane do generowania wielu z tych danych, ale te klasyfikacje opierają się na założeniach, które mogą ograniczyć ich użyteczność dla wielu zbiorów danych. I odwrotnie, sztuczne sieci neuronowe (ANN) zapewniają naukowcom dokładny sposób klasyfikowania pokrycia terenu i szacowania właściwości biofizycznych zjawisk ziemskich bez konieczności polegania na procedurach statystycznych lub założeniach.

Ósmy rozdział prezentuje teledetekcję i przetwarzanie w chmurze. Teledetekcja odgrywa kluczową rolę w pozyskiwaniu danych o i z wszystkiego, bez konieczności fizycznej wizyty w terenie. Wraz z niedawnym pojawieniem się chmury obliczeniowej, teledetekcja została wzmocniona i umożliwiona jeszcze bardziej niż kiedykolwiek wcześniej. W przeciwieństwie do konwencjonalnych sposobów gromadzenia i przetwarzania danych sensorycznych, teledetekcja wspomagana chmurą umożliwia obecnie: a) decentralizację gromadzenia i odczytywania danych, b) dzielenie się informacjami i zasobami chmury, c) zdalny dostęp do globalnie wyczuwanych informacji i ich analityczne elastyczne dostarczanie zasobów chmury w uzupełnieniu do d) modeli cenowych pay-as-you-go.

Dziewiąty i dziesiąty rozdział zawierają bardziej szczegółowe informacje na temat roślinności i biomasy, oparte na zastosowaniach. Szczegóły związane z tymi dwoma zastosowaniami zostały szczegółowo omówione.

Jedenasty i ostatni rozdział zawiera ogólny przegląd wybranych aplikacji teledetekcji. Dane teledetekcyjne wykazały ogromny potencjał w zakresie zastosowań w różnych dziedzinach, na przykład w mapowaniu i wykrywaniu użytkowania gruntów, mapowaniu geologicznym, zastosowaniach dotyczących zasobów wodnych (zanieczyszczenie, ocena eutrofizacji jezior), mapowaniu terenów podmokłych, planowaniu przestrzennym i regionalnym, inwentaryzacji środowiska, ocenie klęsk żywiołowych lub zastosowaniach archeologicznych i innych. W tym rozdziale położyliśmy nacisk na kilka przykładów pól dotykowych, aby pokazać teledetekcję jako źródło danych i korzyści płynące z zastosowań teledetekcji.

Rozdział 1 Wprowadzenie do teledetekcji

Wprowadzenie

Teledetekcja w nauce i sztuce uzyskiwania informacji o przedmiocie, obszarze lub zjawisku poprzez analizę danych pozyskanych przez urządzenie, które nie ma kontaktu z badanym przedmiotem, obszarem lub zjawiskiem. Jest to technologia pobierania próbek promieniowania elektromagnetycznego w celu pozyskania i interpretacji nieśrednich danych geoprzestrzennych, z których można pozyskać informacje o cechach, obiektach i klasach na powierzchni lądowej Ziemi, oceanach i atmosferze (oraz, w stosownych przypadkach, na zewnętrznych powierzchniach innych ciał Układu Słonecznego, lub, w najszerszym ujęciu, ciał niebieskich, takich jak gwiazdy i galaktyki).

Teledetekcja odnosi się do opartych na przyrządach technik stosowanych do pozyskiwania i pomiaru uporządkowanych przestrzennie (rozproszonych) danych/informacji o niektórych właściwościach (spektralnych; przestrzennych; fizycznych) szeregu punktów docelowych (pikseli) w obrębie zmagazynowanej sceny, które odpowiadają cechom, obiektom i materiałom, dokonując tego poprzez zastosowanie jednego lub więcej urządzeń rejestrujących, które nie pozostają w fizycznym, intymnym kontakcie z nadzorowanym obiektem lub obiektami.

Techniki teledetekcji polegają na gromadzeniu wiedzy istotnej dla danej sceny (celu) poprzez wykorzystanie promieniowania elektromagnetycznego, pól siłowych lub energii akustycznej za pomocą kamer, radiometrów mikrofalowych i skanerów, laserów, odbiorników częstotliwości radiowych, systemów radarowych, sonarów, urządzeń termicznych, sejsmografów, magnetometrów, grawimetrów, scyntylometrów i innych instrumentów pomiarowych.

Wszystkie te zaawansowane instrumenty gromadzą różne rodzaje danych, które mogą być interpretowane w celu uzyskania dokładnych, dużych informacji o powierzchni Ziemi i atmosferze. Ponieważ te dane i obrazy są cyfrowe, można je łatwo określić ilościowo i manipulować nimi za pomocą komputerów.

Sprawia to, że teledetekcja jest wyjątkowo wszechstronnym narzędziem, ponieważ te same dane mogą być analizowane na różne sposoby dla różnych zastosowań. Niektóre z dziedzin, w których wykorzystuje się teledetekcję, to rolnictwo, leśnictwo, geologia, archeologia, oceanografia, architektura, meteorologia itp.

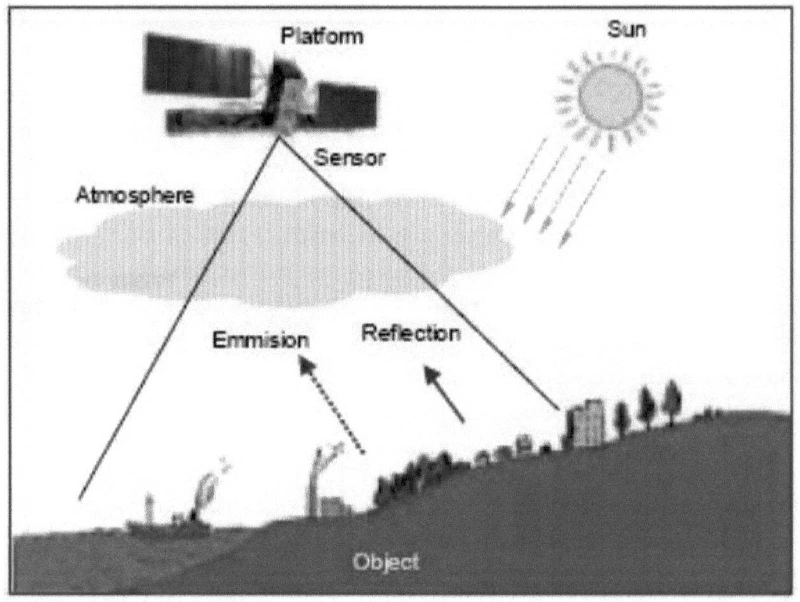

Rys. 1. Schematyczne przedstawienie techniki teledetekcji

(Źródło: http://geoportal.icimod.org)

Historia teledetekcji

Uważa się, że era teledetekcji rozpoczęła się w 1858 r., kiedy to balonista G. Tournachon (alias Nadar) wykonał z balonu zdjęcia Paryża. Później do wczesnego obrazowania wykorzystywano także gołębie pocztowe, latawce, samoloty, rakiety i bezzałogowe balony. Jednak historia teledetekcji może być związana z rozwojem i zrozumieniem optyki i aeronautyki. Arystotelesowi (300BC) przypisuje się pierwsze doświadczenia z optyką. Galileo Galilei (1609) i Sir Issac Newton (1666) wyjaśnili naukowo optykę i spektrometrię. Systematyczna fotografia lotnicza rozpoczęła się w czasie I wojny światowej dla celów inwigilacji wojskowej i rozpoznania. W czasie I wojny światowej samoloty były używane na dużą skalę do tych celów, ponieważ okazały się bardziej niezawodnymi i stabilnymi platformami do obserwacji Ziemi niż balony. W czasie II wojny światowej nastąpił jednak istotny rozwój fotografii lotniczej i fotointerpretacji. W tym czasie nastąpił również rozwój innych systemów obrazowania, takich jak fotografia w bliskiej podczerwieni, czujniki termiczne i radary.

Rozwój sztucznych satelitów w późniejszej połowie XX wieku umożliwił rozwój teledetekcji w skali globalnej. W konsekwencji różne zasoby Ziemi (np. Landsat) i pogody (np. Nimbus) satelity oraz nowsze misje, takie jak RADARSAT i UARS, dostarczyły globalnych pomiarów różnych danych do celów cywilnych, badawczych i wojskowych. Tabela 1 przedstawia krótki historyczny przegląd rozwoju technologii teledetekcji.

Tabela 1: Najważniejsze kamienie milowe w historii teledetekcji

Rok	Kamienie milowe
1800	Odkrycie podczerwieni przez Sir W. Herschela
1801	Teoria postrzegania koloru przez Thomasa Younga
1839	Początek praktyki fotograficznej
1859	Fotografia z balonów
1873	Opis widma elektromagnetycznego autorstwa J.C. Maxwella
1909	Fotografia z samolotów
1916	Nawigacja lotnicza podczas I wojny światowej
1935	Rozwój radaru w Niemczech
1940	Zastosowania niewidocznej części widma elektromagnetycznego podczas II wojny światowej

1959	Pierwsza kosmiczna fotografia Ziemi autorstwa Explorera-6
1960	Wystrzelenie pierwszego satelity meteorologicznego TIROSa
1970	Obserwacje z kosmosu za pomocą teledetekcji Skylaba
1972	Wystrzelenie pierwszego satelity zasobów Ziemi (Landsat-1)
1972	Szybki postęp w cyfrowym przetwarzaniu obrazu
1982	Wprowadzenie na rynek nowej generacji czujników Landsat (Landsat-4)
1986	Wystrzelenie francuskiego satelity obserwacji Ziemi (SPOT-1)
1986	Opracowanie czujników hiperspektralnych
1990	Rozwój systemów kosmicznych o wysokiej rozdzielczości
1995	Uruchomienie RADARSATU
1998	Postępy w kierunku tanich misji satelitarnych o jednym celu
1999	Wystrzelenie MODIS Terra EOS, Landsat-7 ETM+ i obserwacja Ziemi satelity przez komercyjne agencje kosmiczne (IKONOS)
2000	Uruchomienie SRTM
2002	Uruchomienie ENVISAT, SPOT-5 oraz uruchomienie MODIS Aqua

2006	Uruchomienie RADARSAT-2

Koncepcja teledetekcji

Teledetekcja jest nauką o zdobywaniu i analizowaniu informacji o obiektach lub zjawiskach na odległość (Jensen, 2000, Lillesand i Keifer, 1987). Teledetekcja została zdefiniowana jako "praktyka pozyskiwania informacji o ziemi i powierzchni wody za pomocą obrazów pozyskanych z perspektywy napowietrznej, przy użyciu promieniowania elektromagnetycznego w jednym lub kilku regionach widma elektromagnetycznego, odbijanego lub emitowanego z powierzchni Ziemi" (Campbell, 2002).

Kiedy promieniowanie elektromagnetyczne pada na powierzchnię, część jego energii jest pochłaniana, podczas gdy część jest przenoszona przez powierzchnię, a reszta odbijana. Powierzchnie również w sposób naturalny emitują promieniowanie w postaci ciepła. Filmy fotograficzne lub czujniki cyfrowe w satelicie lub samolocie rejestrują odbite i wyemitowane promieniowanie. Ponieważ natężenie i długość fal tego promieniowania zależy od charakteru powierzchni, każda z nich jest opisana jako posiadająca charakterystyczną sygnaturę spektralną.

Konkretne instrumenty i oprogramowanie są używane do identyfikacji i rozróżnienia różnych sygnatur spektralnych, które będą ostatecznie przydatne do mapowania zasięgu powierzchni. Teledetekcja satelitarna jest szeroko stosowana jako narzędzie w wielu częściach świata do zarządzania zasobami naturalnymi i działaniami globalnymi. Teledetekcja dzieli się na dwie główne kategorie - teledetekcję satelitarną i fotografię lotniczą.

Satelita może być geostacjonarny (co umożliwia ciągłe wykrywanie części Ziemi) lub słoneczno-synchroniczny z orbitą polarną (który obejmuje całą Ziemię w tym samym czasie przekraczania równika. Satelity serii LANDSAT mają okres powtarzalności od 16 do 18 dni, natomiast w przypadku satelity IRS wynosi on 22 dni. Sensor jest urządzeniem służącym do prowadzenia obserwacji i wykorzystuje satelitę jako platformę i obserwuje duże obszary powierzchni Ziemi.

Elementy systemów teledetekcji

Źródło energii

Pierwszym i bardzo ważnym wymogiem dla teledetekcji jest źródło energii, które dostarcza energii elektromagnetycznej do Ziemi. Może ona pochodzić albo z naturalnych (np. promieniowanie słoneczne) albo sztucznych (np. RADAR) źródeł. W przypadku teledetekcji, promieniowanie słoneczne jest powszechnie stosowane jako źródło energii.

Interakcja energii z atmosferą

Kiedy energia przemieszcza się ze swojego źródła na powierzchnię Ziemi, wchodzi w kontakt z ziemską atmosferą, gdzie wchodzi w interakcję ze składnikami atmosferycznymi. Energia odbita od powierzchni Ziemi jest odbierana przez zdalne czujniki. W tym procesie energia ta ponownie wchodzi w interakcję z atmosferą.

Interakcja z cechami powierzchni ziemi

Energia docierająca do powierzchni Ziemi poprzez atmosferę oddziaływuje z cechami powierzchni Ziemi. Wzajemne oddziaływanie i jego wynik zależą od cech charakterystycznych

Cechy i energia.

Rejestracja energii przez czujnik

Po zetknięciu się z cechami powierzchni Ziemi energia odbita i emitowana trafia do czujnika. A czujnik rejestruje energię odbitą i wyemitowaną.

Przesyłanie, odbiór i przetwarzanie zarejestrowanych sygnałów

Zarejestrowana przez czujnik energia jest przesyłana w postaci sygnałów do stacji odbiorczej i przetwórczej na Ziemi. Sygnały te mają postać elektroniczną i są przetwarzane i konwertowane na obraz.

Interpretacja i analiza

Przetworzony obraz jest interpretowany, wizualnie i/lub cyfrowo, w celu uzyskania informacji o celu, który został oświetlony.

Zastosowanie

Zastosuj wyodrębnione informacje o celu w celu:

- Uzyskać lepsze zrozumienie tego obiektu
- Ujawnić kilka nowych informacji
- Pomoc w rozwiązaniu konkretnego problemu

Rodzaje teledetekcji

Ze względu na rodzaj zasobów energetycznych, teledetekcja jest podzielona na dwie kategorie - pasywną i aktywną teledetekcję.

Pasywne zdalne wykrywanie

Wykorzystuje on czujniki, które wykrywają odbite lub emitowane promieniowanie elektromagnetyczne z naturalnych źródeł.

Aktywne zdalne wykrywanie (Active Remote Sensing)

Wykorzystuje on czujniki, które wykrywają reakcje odbite od obiektów, które są napromieniowywane przez sztucznie wytworzone źródła energii, takie jak radar.

W odniesieniu do regionów długości fal, teledetekcja jest podzielona na trzy kategorie:

- Widzialne i odblaskowe czujniki na podczerwień.
- Zdalne czujniki na podczerwień termiczną.
- Czujnik mikrofalowy.

Zasady teledetekcji

Różne obiekty odbijają lub emitują różne ilości energii w różnych pasmach widma elektromagnetycznego. Ilość odbijanej lub emitowanej energii zależy od właściwości zarówno materiału, jak i energii padania (kąt padania, intensywność i długość fali). Wykrywanie i rozróżnianie obiektów lub właściwości powierzchni odbywa się poprzez unikalność odbijanego lub emitowanego promieniowania elektromagnetycznego od obiektu.

Urządzenie do wykrywania tego odbijanego lub emitowanego promieniowania elektromagnetycznego z obiektu nazywane jest "czujnikiem" (np. kamery i skanery). Pojazd używany do przenoszenia czujnika nazywany jest "platformą" (np. samoloty i satelity).

Zalety teledetekcji

Teledetekcja ma kilka zalet, które wymieniono poniżej:

- jest to efektywny kosztowo sposób gromadzenia danych
- zapewnia ona synoptyczny widok
- może dostarczać danych o długości fal wykraczającej poza możliwości wyczuwania ludzkiego oka
- może uzyskać dane o niedostępnych obszarach
- jest to dyskretny środek gromadzenia danych, który nie zmienia właściwości obserwowanego obiektu lub zjawiska
- dostarcza zbiorów danych historycznych, które są przydatne do poznania charakterystyki obiektu w danym momencie czasu w przeszłości

Systemy teledetekcji

- Fotografia
- Optyczne
- Thermal
- Aktywna mikrofalówka (radar)

Rezolucje

Charakterystykę systemów teledetekcji można opisać za pomocą następujących typów rozdzielczości:

Rozdzielczość przestrzenna

Reprezentuje on obszar lub rozmiar, który jest przenoszony przez jednostkę obrazu, tj. piksel reprezentujący obszar o najmniejszym równoważnym wymiarze na powierzchni ziemi. Czujnik wykonuje pomiar, a każdy z nich ma ustaloną rozdzielczość przestrzenną, która ma zastosowanie do wszystkich danych pozyskanych przez ten konkretny czujnik, tzn. rozdzielczość przestrzenna satelity GlobalView III wynosi 30 cm. Oznacza to, że najmniejszy możliwy do uzyskania obszar na powierzchni ziemi, który jest reprezentowany przez piksel, wynosi 30 centymetrów.

Uchwała spektralna

Reakcja specyficznych cech w postaci długości fal, które mogą być wykryte w obrazie i zapisane w komputerze jest znana jako rozdzielczość radiometryczna. Reprezentuje ona liczbę pasm spektralnych, które czujnik może uchwycić. Jeśli obraz ma wyższą rozdzielczość spektralną, oznacza to, że ma on większą zdolność do wykorzystania charakterystyk spektralnych, poprzez czujnik.

Rozdzielczość radiometryczna

Rozdzielczość radiometryczna czujnika to jego zdolność do wykrywania różnic przy wysokiej czułości na emisję i odbicie od obiektów zdalnie wykrywanych i zapisywania tego w bitach i bajtach. Liczba bitów w 8-bitowym obrazie jest inna niż w 16-bitowym obrazie, gdzie rozdzielczość radiometryczna odgrywa rolę w charakterystyce obiektów zdalnie sterowanych.

Uchwała tymczasowa

Rozdzielczość czasowa to czas powrotu czujnika do tego samego punktu. Reprezentuje ona czas, jaki zajmuje czujnik na zakończenie pełnego cyklu orbitalnego. Na podstawie charakterystyki orbitalnej czujnika i jego pola widzenia, częstotliwość, z jaką czujnik musi uzyskać obraz z tego samego miejsca (rozdzielczość czasowa) może się różnić.

Charakterystyka rzeczywistych systemów teledetekcji

- Źródło energii: Źródła energii dla rzeczywistych systemów są zazwyczaj niejednorodne na różnych długościach fal, a także różnią się w czasie i przestrzeni. Ma to duży wpływ na systemy pasywnej teledetekcji. Rozkład spektralny odbitego światła słonecznego zmienia się zarówno w czasie, jak i w przestrzeni. Materiały powierzchniowe Ziemi również emitują energię w różnym stopniu sprawności. Prawdziwy system teledetekcji wymaga kalibracji w celu określenia charakterystyki źródła.

- Atmosfera: Atmosfera modyfikuje rozkład widmowy i siłę otrzymywanej lub emitowanej energii. Efekt interakcji atmosferycznej zmienia się w zależności od długości fali, zastosowanego czujnika i zastosowania czujnika. Kalibracja jest wymagana w celu wyeliminowania lub skompensowania tych efektów atmosferycznych.

- Interakcje energia/materia na powierzchni Ziemi: Teledetekcja opiera się na zasadzie, że każdy materiał odbija lub emituje energię w unikalny, znany sposób. Jednak sygnatury spektralne mogą być podobne dla różnych rodzajów materiałów. Utrudnia to różnicowanie. Ponadto, wiedza na temat większości interakcji energia/materia dla cech powierzchni Ziemi jest albo na poziomie elementarnym, albo nawet zupełnie nieznana.

- Sensor: Czujniki rzeczywiste mają stałe granice czułości widmowej, tzn. nie są czułe na wszystkie długości fal. Ponadto, mają ograniczoną rozdzielczość przestrzenną (skuteczność w rejestrowaniu szczegółów przestrzennych). Wybór czujnika wymaga kompromisu pomiędzy rozdzielczością przestrzenną a czułością spektralną. Na przykład, podczas gdy systemy fotograficzne mają bardzo dobrą rozdzielczość przestrzenną i niską czułość spektralną, systemy niefotograficzne mają niską rozdzielczość przestrzenną.

- System przetwarzania danych: Do przetwarzania danych z czujników konieczna jest interwencja człowieka, nawet jeśli maszyny są również włączone w obsługę danych. To sprawia, że koncepcja obsługi danych w czasie rzeczywistym jest prawie niemożliwa. Ilość danych generowanych przez czujniki znacznie przekracza możliwości przetwarzania danych.

- Multiple Data Users: Sukces każdej misji teledetekcji zależy od użytkownika, który ostatecznie przekształca dane w informacje. Jest to możliwe tylko wtedy, gdy użytkownik dokładnie rozumie problem i posiada szeroką wiedzę w zakresie generowania danych. Użytkownik powinien wiedzieć, jak interpretować generowane dane i jak najlepiej je wykorzystywać.

Podsumowanie

Teledetekcja to pomiar i rejestracja promieniowania elektromagnetycznego emitowanego z otoczenia ziemskiego przez czujniki zamontowane na platformie w punkcie widokowym nad powierzchnią ziemi. Teledetekcja zapewnia synoptyczny widok, który niesie ze sobą ciągłą rejestrację środowiska, która jest spójna. Działa poprzez wykorzystanie promieniowania elektromagnetycznego ze źródła, które wchodzi w interakcję z celami na powierzchni ziemi w unikalny sposób, w zależności od jego fizycznych, chemicznych i biologicznych właściwości, które mają być odbijane, emitowane lub backscattered w kierunku czujnika.

Referencje

- Elachi, C. i A. van Zyl, Introduction to the Physics and Techniques of Remote Sensing, 2nd Edition, John Wiley and Sons, New York, 413 s., 2006.

- Joseph, G., (2003) Fundamentals of Remote Sensing, Universities Press, Hyderabad, 2003, 433 s.

- Campbell, J. B. (2002) Introduction to Remote Sensing. Taylor & Francis, - 621 stron.

- Jensen, J. R. (2000) Remote Sensing of the Environment: Perspektywa Zasobów Ziemi. Prentice Hall, New Jersey, 544 s.

- Lillesand, T i Kiefer, R. W. (1987) Remote Sensing and Image Interpretation. Wiley, 721 s.

Rozdział 2 Podstawy oświetlenia i energii dla potrzeb teledetekcji

Wprowadzenie

Energia jest miarą zdolności do wykonywania pracy i występuje w dwóch głównych formach, kinetycznej (obiekty w ruchu), potencjalnej (energia zmagazynowana jak baterie). Energia elektromagnetyczna jest rodzajem energii kinetycznej wytwarzanej przez oscylujące zaburzenia elektryczne i magnetyczne, lub przez ruch naładowanych elektrycznie cząstek poruszających się w próżni lub materii.

Promieniowanie elektromagnetyczne lub EMR to termin używany do opisania wszystkich różnych rodzajów energii uwalnianych przez procesy elektromagnetyczne. Światło widzialne jest tylko jedną z wielu form energii elektromagnetycznej. Fale radiowe, światło podczerwone i promieniowanie rentgenowskie to wszystkie formy promieniowania elektromagnetycznego. Widmo elektromagnetyczne jest terminem stosowanym do opisania całego zakresu wszystkich możliwych częstotliwości promieniowania elektromagnetycznego. Technologie teledetekcji opierają się na różnych rodzajach energii elektromagnetycznej. Czujniki wykrywają i mierzą energię elektromagnetyczną w różnych częściach widma. Dlatego ważne jest, aby zrozumieć istotę promieniowania elektromagnetycznego.

Promieniowanie elektromagnetyczne

- Każdy obiekt o temperaturze > 0o Kelvina emituje promieniowanie elektromagnetyczne (EMR)
- Energia cieplna (ciepło) jest formą EMR
- jest wypromieniowywany przez cząstki atomowe u źródła (Słońce)
- rozprzestrzenia się przez podciśnienie w przestrzeni z prędkością światła
- wchodzi w interakcję z ziemską atmosferą
- wchodzi w interakcję z powierzchnią Ziemi
- wchodzi w interakcję z ziemską atmosferą po raz kolejny

- Wreszcie dociera do zdalnych czujników, gdzie wchodzi w interakcję z różnymi systemami optycznymi i detektorami.

Promieniowanie elektromagnetyczne składa się z pola elektrycznego (E), którego wielkość zmienia się w kierunku prostopadłym do kierunku, w którym porusza się promieniowanie, oraz z pola magnetycznego (M) skierowanego prostopadle do pola elektrycznego. Oba te pola poruszają się z prędkością światła (c).

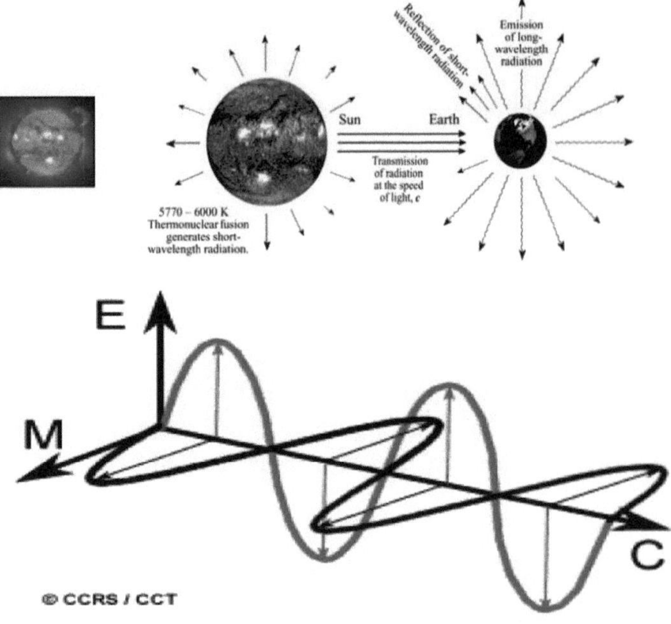

Dwie charakterystyki promieniowania elektromagnetycznego są szczególnie ważne dla zrozumienia teledetekcji. Są to długość fali i częstotliwość.

Długość fali jest to długość jednego cyklu fal, którą można zmierzyć jako odległość między kolejnymi grzbietami fal. Długość fali jest zazwyczaj przedstawiana za pomocą greckiej litery lambda (λ). Długość fali mierzy się w metrach (m) lub jako pewien współczynnik metrów, np. nanometry (nm, 10-9 metrów), mikrometry (µm, 10-6 metrów) (µm, 10-6 metrów) lub centymetry (cm, 10-2 metrów). Częstotliwość odnosi się do liczby cykli fali przechodzącej przez stały punkt w jednostce czasu. Częstotliwość jest zwykle mierzona w hercie (Hz), co odpowiada jednemu cyklowi na sekundę i różnym wielokrotnościom herców.

Zależność między długością fali a częstotliwością

Im krótsza długość fali, tym większa częstotliwość. Im dłuższa długość fali, tym niższa częstotliwość.

Zasady i właściwości EMR

- Zrozumienie sposobu, w jaki EMR współdziała z interesującą Państwa cechą, jest podstawą do interpretacji danych teledetekcyjnych.
- wybrać odpowiednie dane teledetekcyjne
- Prowadzi do wizualnej i ilościowej interpretacji obrazów i innych zbiorów danych do cech IDENTYFIKACJI i Mierzenia właściwości biofizycznych będących przedmiotem zainteresowania.

Interakcje EMR

- Refleksja
  - Zmiana kierunku padania światła na nieprzezroczystą powierzchnię
  - Wytrzymałość na odbicie - rodzaj powierzchni
  - Dyfuzja - gładka
  - Specular (Lambertian) - szorstki
- Absorpcja
  - Energia fotonu jest pobierana przez cechę i zamieniana na inne formy energii (np. używane do fotosyntezy).
- Przesyłanie
  - Światło przechodzące przez materiał bez większego tłumienia
  - Woda najbardziej dotknięta transmisją światła
  - Liście roślin

Widmo elektromagnetyczne

Widmo elektromagnetyczne ma zasięg od kilometrów do nanometrów. Są one podzielone przez zakresy zwane pasmami spektralnymi. Istnieje kilka regionów w spektrum elektromagnetycznym, które jest przydatne do teledetekcji. Poniższy obrazek przedstawia różne regiony w zakresie EMR.

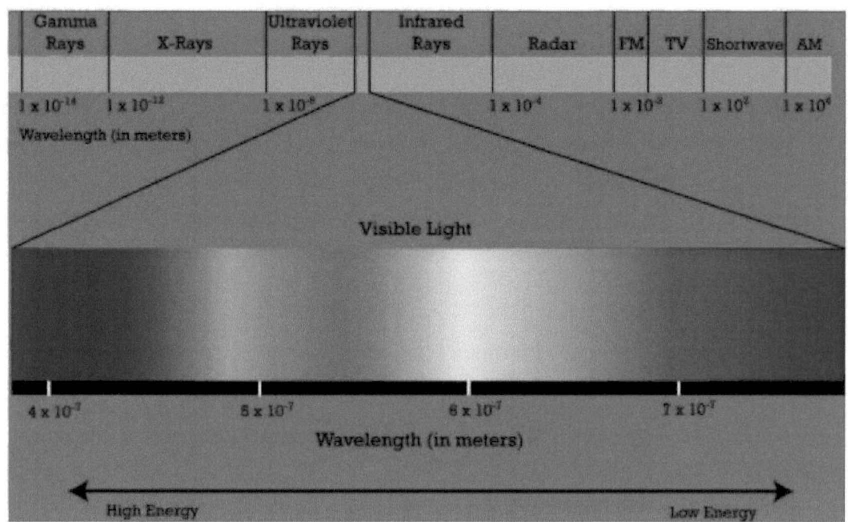

Regiony widma elektromagnetycznego

Widmo elektromagnetyczne jest szeroko podzielone na różne nazwane kategorie w oparciu o długość fali i charakterystykę energii. Jedynym regionem w całym spektrum elektromagnetycznym, na który nasze oczy są wrażliwe, jest obszar widzialny.

Gamma Rays

Promienie gamma mają najkrótsze długości fal (< 0,01 nanometra) i największą energię z każdego regionu widma elektromagnetycznego. Promienie gamma są wytwarzane przez najgorętsze obiekty we wszechświecie, w tym gwiazdy neutronowe, pulsary i wybuchy supernowych. Promienie gamma mogą być również wytwarzane przez eksplozje jądrowe. Większość promieni gamma generowanych w przestrzeni kosmicznej jest blokowana przez ziemską atmosferę. Jest to korzystne, ponieważ promienie gamma są biologicznie niebezpieczne.

Zdjęcia rentgenowskie

Promieniowanie rentgenowskie ma zakres długości fali od 0,01 do 10 nm i jest generowane przede wszystkim przez superogrzany gaz z eksplodujących gwiazd i kwazarów. Promienie rentgenowskie są w stanie przejść przez wiele różnych rodzajów materiałów. Promieniowanie rentgenowskie jest powszechnie stosowane do obrazowania medycznego oraz do kontroli ładunku i bagażu. Podobnie jak promienie gamma, atmosfera ziemska blokuje promieniowanie rentgenowskie.

Ultrafiolet (UV)

Światło ultrafioletowe (UV) ma długość fali 10 - 310 nm. Słońce jest źródłem energii ultrafioletowej. Część widma UV jest podzielona na UV-A, UV-B i UV-C. Promienie UV-C są najbardziej szkodliwe i są prawie całkowicie wchłaniane przez naszą atmosferę. Promienie UV-B to szkodliwe promienie, które powodują oparzenia słoneczne. Chociaż fale UV są niewidoczne dla ludzkiego oka, niektóre owady, takie jak trzmiele, mogą je zobaczyć.

Widoczny

Światło widzialne obejmuje zakres długości fali od 400 do 700 nm. Jest to jedyny obszar w widmie, na który ludzkie oczy są wrażliwe. Słońce emituje najwięcej promieniowania w widzialnej części widma. Każda pojedyncza długość fali w widmie światła widzialnego jest reprezentatywna dla konkretnej barwy. Światło w dolnej części widma widzialnego, o dłuższej długości fali, około 740 nm, jest postrzegane jako czerwone; światło w środkowej części widma jest postrzegane jako zielone, a światło w górnej części widma, o długości fali około 380 nm, jest postrzegane jako fioletowe. Kiedy wszystkie długości fal widma światła widzialnego uderzają w oko w tym samym czasie, widziana jest biel. Widoczna część widma jest szeroko wykorzystywana w teledetekcji i jest to energia, która jest rejestrowana za pomocą fotografii.

W podczerwieni

Część widma w podczerwieni waha się od około 0,7 µm do 100 µm długości fali. Jest on podzielony na trzy główne regiony, Near Infrared (NIR) 0,7 - 1,3 µm, Shortwave Infrared (SWIR) od 1,3 - 3 µm i Far lub Thermal Infrared 3 - 100 µm.

Promieniowanie podczerwone jest szeroko stosowane w teledetekcji. Obiekty odbijają, transmitują i pochłaniają promieniowanie podczerwone i krótkofalowe Słońca w unikalny sposób, co może być wykorzystane do obserwacji stanu roślinności, składu gleby i wilgotności. Obszar od 8 do 15 µm jest określany jako podczerwień cieplna, ponieważ te długości fal są najlepsze do badania energii cieplnej długich fal promieniujących z Ziemi.

Mikrofalówki

Mikrofale to zasadniczo fale radiowe o wysokiej częstotliwości i długości fali od 1 mm do 1 m. Różne długości fal lub pasma mikrofal są używane do różnych zastosowań. Mikrofale o średniej długości fali mogą przenikać przez mgłę, lekki deszcz i śnieg, chmury i dym są korzystne dla komunikacji satelitarnej i badania Ziemi z kosmosu. Technologia radarowa wysyła impulsy energii mikrofalowej i wyczuwa energię odbitą z powrotem.

Fale radiowe

Fale radiowe mają najdłuższe fale w spektrum elektromagnetycznym o długości fal od około 1 mm do kilkuset metrów. Fale radiowe wykorzystywane są do transmisji różnych danych. Sieć bezprzewodowa, telewizja i radio amatorskie wykorzystują fale radiowe. Korzystanie z częstotliwości radiowych jest zwykle regulowane przez rządy.

Interakcje EMR w Atmosferze

Zanim promieniowanie wykorzystywane do teledetekcji dotrze na powierzchnię Ziemi, musi przejść pewną odległość od ziemskiej atmosfery. Cząsteczki i gazy znajdujące się w atmosferze mogą wpływać na napływające światło i promieniowanie. Efekty te są spowodowane przez mechanizmy rozpraszania i pochłaniania.

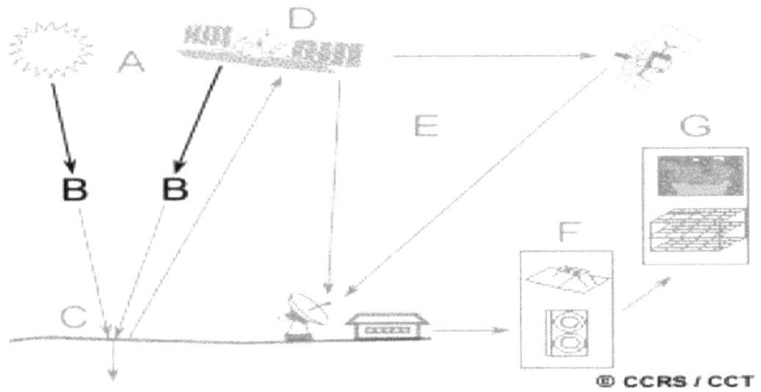

Wpływ atmosfery na przenoszenie EMR na i z powierzchni ziemi poprzez procesy rozpraszania i absorpcji jest funkcją

- Długość trasy
- Długość fali EMR
- Warunki atmosferyczne

Rozproszenie ma miejsce, gdy cząstki lub duże cząsteczki gazu obecne w atmosferze oddziałują z promieniowaniem elektromagnetycznym i powodują jego przekierowanie z pierwotnej drogi. Stopień rozproszenia zależy od kilku czynników, w tym od długości fali promieniowania, ilości cząstek lub gazów oraz odległości, na jaką promieniowanie przechodzi przez atmosferę. Istnieją trzy (3) rodzaje rozpraszania:

- Rayleigh
- Mie
- Niewybiórcze

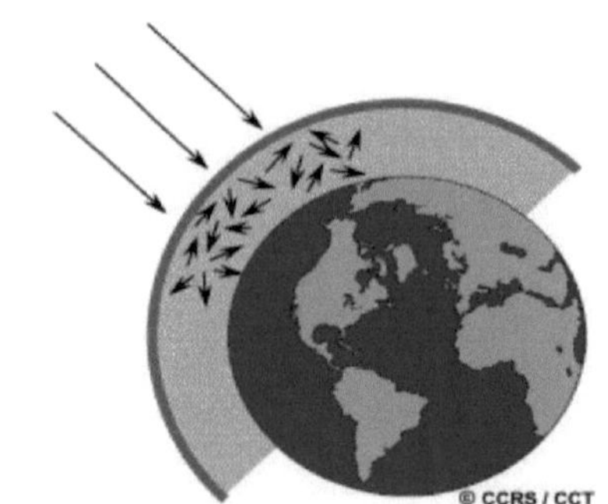

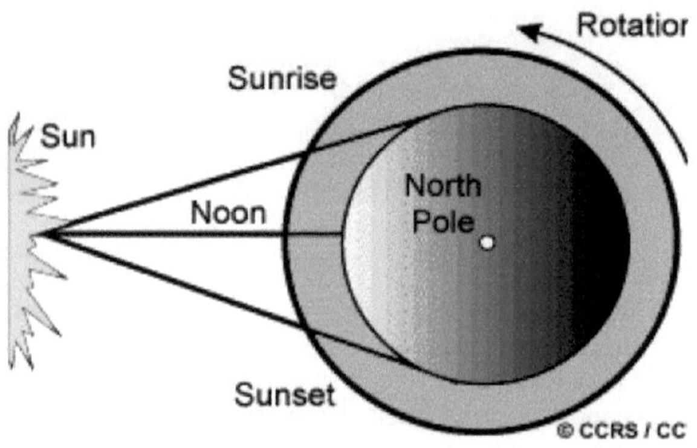

Rayleigh (lub molekularne) Rozproszenie:

- cząsteczki o średnicy mniejszej niż długość fali EMR
- odwrotnie proporcjonalna do 4. mocy długości fali
- cząsteczki powietrza rozpraszają krótkie fale (niebieskie niebo)

Mie (lub brak molekularnego) rozproszenia:

- Cząsteczki o wielkości równej długości fali
- Odwrotnie proporcjonalna do 0,6-2 drugiej potęgi długości fali

- Para wodna, pył (mgła), powoduje, że niebo nabiera czerwonawego wyglądu

Do ważnych środków rozpraszających Mie zalicza się parę wodną oraz drobne cząsteczki dymu, kurzu itp. Wpływ rozpraszania Mie jest najbardziej odczuwalny w dolnych 4,5 km atmosfery. Rozpraszanie Mie ma wpływ na dłuższe fale promieniowania niż rozpraszanie Rayleigh'a.

Nieselektywne rozpraszanie:

- Cząsteczki mają większe wymiary niż długość fali
- Rozrzuca wszystkie długości fal
- Kropelki wody i lód (mgła i chmury), powodują biały wygląd

Nieselektywne rozpraszanie ma wpływ na prawie wszystkie pasma spektralne. Występuje, gdy dolna atmosfera zawiera zawieszone aerozole. Aerozol powinien mieć średnicę co najmniej 10 razy większą od rozpatrywanej długości fali. Do ważnych czynników rozpraszających należą duże cząstki dymu, para wodna, kropelki wody, kryształki lodu w chmurach i mgła.

W widocznych długościach fal, kropelki wody i kryształki lodu rozpraszają wszystkie długości fal równie dobrze, tak że chmury na oświetlonym słońcem niebie wyglądają na białe. Również duże cząsteczki smogu powodują, że kolor nieba staje się szary.

Absorpcja

- Zmniejsza ilość padającego promieniowania słonecznego i odbijanego lub emitowanego promieniowania docierającego do czujnika
- Utrata energii EMR na rzecz składników atmosferycznych
- Główne pochłaniacze: H2O, CO2, O3, O2, N2, O, N
- Drobne pochłaniacze: NIE, N2O, CO, CH4

Absorpcja jest drugim głównym mechanizmem w pracy, gdy promieniowanie elektromagnetyczne wchodzi w interakcję z atmosferą. W przeciwieństwie do rozpraszania, zjawisko to powoduje, że cząsteczki w atmosferze pochłaniają energię na różnych długościach fal. Ozon, dwutlenek węgla i para wodna to trzy główne składniki atmosfery, które pochłaniają promieniowanie.

Ozon służy do pochłaniania szkodliwego (dla większości żyjących istot) promieniowania ultrafioletowego ze słońca. Bez tej warstwy ochronnej w atmosferze nasza skóra paliłaby się pod wpływem promieni słonecznych.

Dwutlenek węgla określany jako gaz cieplarniany. Dzieje się tak, ponieważ ma on tendencję do silnego pochłaniania promieniowania w dalekiej podczerwonej części widma - czyli w obszarze związanym z ogrzewaniem cieplnym - co służy do zatrzymywania tego ciepła wewnątrz atmosfery. Para wodna w atmosferze pochłania znaczną część napływającego długiego promieniowania podczerwonego i krótkofalowego promieniowania mikrofalowego (między 22μm a 1m). Obecność pary wodnej w dolnej części atmosfery jest bardzo zróżnicowana w zależności od lokalizacji i w różnych porach roku. Na przykład, masa powietrza nad pustynią miałaby bardzo mało pary wodnej do pochłaniania energii, podczas gdy w tropikach występowałyby wysokie stężenia pary wodnej (tj. wysoka wilgotność).

Ponieważ gazy te pochłaniają energię elektromagnetyczną w bardzo określonych rejonach widma, wpływają one na to, gdzie (w widmie) możemy "szukać" dla celów teledetekcji. Te obszary widma, które nie są pod silnym wpływem absorpcji atmosferycznej, a tym samym są przydatne do zdalnych czujników są nazywane atmosferycznych okien. Porównując charakterystykę dwóch najczęstszych źródeł energii/napromieniowania (Słońca i Ziemi) z dostępnymi nam oknami atmosferycznymi, możemy określić te długości fal, które najskuteczniej możemy wykorzystać do celów teledetekcji. Widoczna część widma, na które nasze oczy są najbardziej wrażliwe, odpowiada zarówno oknu atmosferycznemu, jak i szczytowemu poziomowi energii Słońca. Należy również zauważyć, że energia cieplna emitowana przez Ziemię odpowiada ok. 10 μm okna w termicznej części widma w podczerwieni, podczas gdy duże okno na długości fal powyżej 1 mm jest związane z obszarem mikrofalowym.

Atmosferyczne okna

- Regiony widma EMR, w których występuje ograniczona absorpcja EMR przez składniki atmosferyczne.
- EMR odbija się lub przenosi przez atmosferę mierzoną przez czujniki w tych rejonach spektralnych.

Promieniowanie - interakcje docelowe

Promieniowanie, które nie jest pochłaniane lub rozproszone w atmosferze, może dotrzeć do powierzchni Ziemi i oddziaływać z nią. Istnieją trzy (3) formy interakcji, które mogą mieć miejsce, gdy energia uderza, lub jest incydentalny (I) na powierzchni. Są to: absorpcja (A); transmisja (T); oraz odbicie (R). Całkowita padająca energia będzie oddziaływać z powierzchnią na jeden lub więcej z tych trzech sposobów. Proporcje każdej z nich będą zależały od długości fali tej energii oraz materiału i stanu danej cechy.

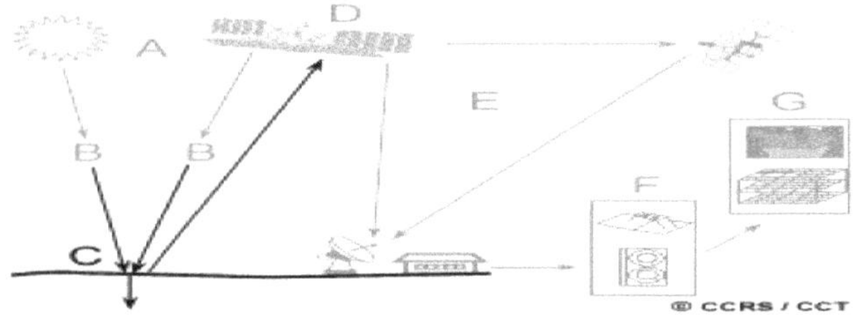

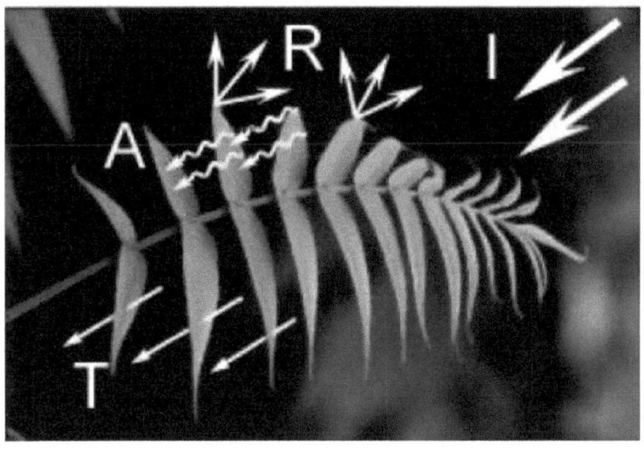

Absorpcja (A) występuje, gdy promieniowanie (energia) jest pochłaniane przez cel, podczas gdy transmisja (T) występuje, gdy promieniowanie przechodzi przez cel. Odbicie (R) pojawia się, gdy promieniowanie "odbija się" od celu i jest przekierowywane. W teledetekcji, jesteśmy najbardziej zainteresowani pomiarem promieniowania odbitego od celu. Odnosimy się do dwóch rodzajów odbicia, które reprezentują dwa skrajne końce sposobu, w jaki energia jest odbijana od tarczy: odbicie spektralne i odbicie rozproszone.

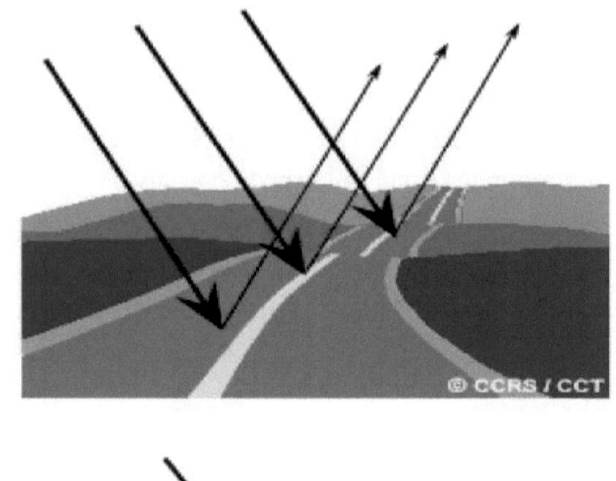

Gdy powierzchnia jest gładka, otrzymujemy lustrzane odbicie, w którym cała (lub prawie cała) energia jest skierowana w jednym kierunku z dala od powierzchni. Odbicie rozproszone ma miejsce, gdy powierzchnia jest szorstka, a energia jest odbijana prawie jednolicie we wszystkich kierunkach. Większość elementów powierzchni ziemi żyje gdzieś pomiędzy idealnie zwierciadłami lub idealnie rozproszonymi. To, czy konkretny cel odbija się świecko lub dyfuzyjnie, czy też gdzieś pomiędzy, zależy od chropowatości powierzchni elementu w porównaniu z długością fali wchodzącego promieniowania. Jeśli długość fali jest znacznie mniejsza niż zmienność powierzchni lub rozmiary cząstek, które składają się na powierzchnię, dominować będzie odbicie rozproszone. Na przykład, piasek drobnoziarnisty wydawałby się dość gładki do długiej fali mikrofalowej, ale wydawałby się dość szorstki w stosunku do widocznych długości fal.

Interakcje EMR z powierzchnią Ziemi

- o Promieniowanie widmowe (Spectral Radiance)
- o Promieniowanie spektralne lub widmowe natężenie promieniowania (Ll) to ilość EMR, padająca na powierzchnię, z określonego kierunku, na określonej długości fali.
- o Odbicie widmowe (Spectral Reflectance)
- o Współczynnik odbicia widmowego (rl) w określonej długości fali to stosunek ilości EMR odbitego od powierzchni (natężenia promieniowania) do ilości EMR padającego na powierzchnię (natężenia napromieniowania).

Właściwości spektralnego współczynnika odbicia

Charakter tej składowej odbitej na różnych długościach fali nazywany jest spektralnym wzorcem odpowiedzi.

Wzorce spektralne to opisy stopnia, w jakim energia jest odzwierciedlona w różnych regionach widma.

Podpis widmowy

Charakterystyczne właściwości odbicia i emisji obiektów nazywane są sygnaturą spektralną.

Każdy naturalny i sztuczny obiekt odbija i emituje EMR na różnych długościach fal w swoim własnym składzie chemicznym i stanie fizycznym.

W pewnym ograniczonym obszarze długości fali, konkretny obiekt będzie zazwyczaj wykazywał diagnostyczne spektralne wzorce odpowiedzi, które różnią się od innych obiektów.

Spektralne krzywe odbicia i podpisy

- o Odciski palców różnych celów, które mogą być wykorzystane do ich identyfikacji na zdjęciach teledetekcyjnych o Wykres poziomu współczynnika odbicia w dyskretnych długościach fal na całym lub części widma EMR dla określonych materiałów

o Charakterystyczne poziomy pochłaniania, emisji, współczynnika odbicia lub przenoszenia dla danego celu w określonych długościach fal EMR

o Aby oddzielić rodzaje okładek na zdjęciach, ich spektralne podpisy muszą być różne

Podsumowanie

o Podstawą technologii teledetekcji jest pomiar i interpretacja wzorców EMR.

o EMR jest dynamiczną formą energii. EMR transmituje przestrzeń poprzeczną w postaci fali i prędkości światła.

o EMR charakteryzuje się długością fali i częstotliwością. Różne długości fali lub częstotliwości wskazują na różną część EMR.

o EMR wchodzi w interakcję z atmosferą. Atmosfera powoduje znaczne pochłanianie i/lub rozpraszanie długości fali, takie jak rozpraszanie Rayleigh'a (molekularne), rozpraszanie Mie (niemolekularne) oraz rozpraszanie nieselektywne.

o EMR oddziałuje również z materiałami powierzchniowymi w postaci absorpcji, odbicia i przepuszczalności.

o Należy wziąć pod uwagę przyczyny interakcji pomiędzy EMR a atmosferą; okna atmosferyczne będą musiały być używane do zdalnego projektowania czujników i wykrywania informacji o gruncie.

o

Referencje

- Abdulsalam Alkholidi, i Fuad Hamamah, Pomiar promieniowania o częstotliwości radiowej z mobilnej stacji bazowej w stolicy Jemenu Sana'a, Int. Journal of applied sciences and engineering research, Vol. 3, Issue 1, (2014) 209-2019.

- Mohammed Abdellati, Promieniowanie elektromagnetyczne ze stacji bazowych telefonii komórkowej w Gazie, Journal of the Islamic University of Gaza (natural Science Series), Vol. 13, N° 2, (2005) 129-146.

- A. Sezginer i J.A. Kong, "Electromagnetic Wave Scattering by Thin Helical Wires", URSI-IEEE/APS Joint Symposium, University of New Mexico, Albuquerque, May 1982.

Rozdział 3 Czujniki i platformy

Wprowadzenie

Termin "teledetekcja" odnosi się na ogół do wszelkich technik bezkontaktowych, dzięki którym można obserwować przestrzeń obiektu (Lillisand i in., 2015). Tradycyjnie termin "teledetekcja" był stosowany w odniesieniu do platform satelitarnych i powietrznych, zbierając dane zazwyczaj za pomocą czujników optycznych i radarowych (Campbell, 2002; Schowengerdt, 2007). Ostatnio za teledetekcję uważa się wszelkie metody pozyskiwania obrazu i danych przestrzennych, w tym pomiary lotnicze i fotogrametrię (Mikhail i in., 2001), choć terminy "teledetekcja satelitarna lub powietrzna" oraz "mobilne mapowanie" w odniesieniu do platform naziemnych są nadal stosowane sporadycznie. Oprócz podstawowego grupowania, które opiera się na platformach, technologia teledetekcji charakteryzuje się zastosowanym czujnikiem obrazu, takim jak wielkoformatowa kamera lotnicza, oraz obszarem zastosowań, takim jak fotogrametria bliskiego zasięgu (Fraser i in., 2005; Martínez i in., 2013).

Rodzaje czujników

Istnieje kilka szerokich kategorii podstawowych typów systemów czujników, takich jak pasywny vs. aktywny, oraz obrazowanie vs. brak obrazowania. Pasywny vs. aktywny odnosi się do źródła oświetlenia systemu; obrazowanie vs. brak obrazowania odnosi się do formy danych. Różne typy czujników pasują do tych kategorii, które nie wykluczają się wzajemnie.

Czujniki pasywne a aktywne

Czujniki pasywne mierzą światło odbite lub emitowane naturalnie od powierzchni i przedmiotów. Instrumenty te jedynie obserwują i są uzależnione przede wszystkim od energii słonecznej jako ostatecznego źródła promieniowania oświetlającego powierzchnie i przedmioty. Czujniki aktywne (takie jak systemy radarowe i lidarowe) najpierw emitują energię (dostarczaną przez ich własne źródło energii), a następnie mierzą zwrot tej energii po kontakcie z powierzchnią. Wykorzystanie danych zgromadzonych przez czujniki pasywne często wymaga dokładnych pomiarów promieniowania słonecznego docierającego do powierzchni w momencie dokonywania obserwacji. Informacje te pozwalają na skorygowanie "efektów atmosferycznych" i dają w rezultacie dane lub obrazy, które są bardziej reprezentatywne dla rzeczywistej charakterystyki powierzchni.

Czujniki obrazujące i nieobrazkowe

Dane teledetekcyjne to zarejestrowane przedstawienie promieniowania odbitego lub emitowanego z danego obszaru lub obiektu. Przy pomiarze energii odbitej lub emitowanej nie można stosować czujników obrazowych ani żadnych czujników obrazowych. Dane z czujników obrazowych mogą być przetwarzane w celu uzyskania obrazu obszaru, w którym mniejsze części całego widoku czujnika są rozdzielane wizualnie (patrz omówienie pikseli poniżej). Czujniki nieobrazkowe są zazwyczaj urządzeniami ręcznymi, które rejestrują tylko jedną wartość odpowiedzi, bez większej rozdzielczości niż cały obszar widziany przez czujnik, w związku z czym z danych nie można uzyskać obrazu. Te pojedyncze wartości mogą być określane jako rodzaj danych "punktowych", jednak w zależności od rozdzielczości przestrzennej czujnika zwykle dotyczy to pewnego niewielkiego obszaru.

Obraz i żadne dane obrazowe nie mają szczególnych zastosowań. Żadne dane obrazowe nie dają informacji o jednym konkretnym (zwykle małym) obszarze lub rodzaju pokrycia powierzchni i mogą być wykorzystane do scharakteryzowania współczynnika odbicia różnych materiałów występujących w większej scenie oraz do poznania interakcji energii elektromagnetycznej i obiektów. Dane obrazowe dają możliwość przyjrzenia się relacjom przestrzennym, kształtom obiektów oraz oszacowania wielkości fizycznych w oparciu o rozdzielczość przestrzenną i próbkowanie danych. Dane obrazowe są pożądane, gdy potrzebna jest informacja przestrzenna (np. dane wyjściowe z mapowania). Ten tekst odnosi się przede wszystkim do czujników obrazowych i danych.

Obrazy wytwarzane z danych teledetekcyjnych mogą być analogowe (np. zdjęcie) lub cyfrowe (tablica wielowymiarowa lub siatka liczb). Dane cyfrowe mogą być analizowane poprzez badanie wartości za pomocą obliczeń wykonanych na komputerze lub przetwarzane w celu uzyskania obrazu do interpretacji wizualnej. Interpretacja obrazu jest wykorzystywana do rozszyfrowania informacji w danej scenie. W przeszłości interpretacja obrazu była wykonywana głównie przy użyciu subiektywnych technik wizualnych, ale wraz z rozwojem i postępem technologii komputerowej, przetwarzanie numeryczne lub cyfrowe stało się potężnym i powszechnym narzędziem interpretacji.

W wielu przypadkach interpretacja obrazu polega na połączeniu technik wizualnych i cyfrowych. Techniki te wykorzystują wiele cech obrazu, w tym ton i kolor, teksturę, kształt, rozmiar, wzory i skojarzenia przedmiotów. Uważa się, że ludzkie oko i mózg zazwyczaj łatwiej przetwarzają przestrzenne cechy obrazu, takie jak kształt, wzory i sposób, w jaki przedmioty są ze sobą powiązane. Komputery zazwyczaj lepiej nadają się do szybkiej analizy spektralnych elementów obrazu, takich jak ton i kolor. Wyrafinowane oprogramowanie komputerowe, które może działać jak ludzkie oko i mózg, może być bardziej dostępne w przyszłości.

Czujniki pasywne

Czujniki pasywne są najczęstszym typem czujników do zdalnej detekcji roślinności. Dzieje się tak nie tylko dlatego, że systemy z czujnikami pasywnymi są na ogół prostsze w budowie (zbudowane tylko do odbioru energii), ale również dlatego, że części widma słonecznego dostarczają bardzo użytecznych informacji do monitorowania właściwości roślin i okapów.

Głównym ograniczeniem systemów pasywnych jest to, że w większości przypadków wymagają one światła słonecznego w celu uzyskania ważnych i użytecznych danych. W związku z tym rozmieszczenie lub pozyskiwanie danych przez czujniki pasywne jest bardzo zależne od oświetlenia (pory dnia, pory roku, szerokości geograficznej) i warunków pogodowych, ponieważ zachmurzenie może zakłócać drogę promieniowania słonecznego ze słońca na powierzchnię, a następnie do czujnika.

Sygnały wykrywane przez czujniki pasywne mogą być w znacznym stopniu zmieniane ze względu na efekty atmosferyczne, szczególnie w przypadku krótszych długości fal widma słonecznego, które są silnie rozproszone przez atmosferę. Efekty te mogą być zminimalizowane (ale nie wyeliminowane) poprzez zbieranie danych tylko w bardzo czystych i suchych warunkach atmosferycznych. Obecnie istnieją zaawansowane procedury korekcji atmosferycznej, które mają na celu usunięcie efektów atmosferycznych z danych pozyskiwanych przez czujniki pasywne.

Fotografia

Najczęściej stosowanym systemem czujników jest aparat fotograficzny. Prosty pasywny czujnik. Wiele z historycznych osiągnięć w dziedzinie teledetekcji było bezpośrednio związanych z rozwojem systemów fotograficznych. Systemy fotograficzne są podobne w konstrukcji do ludzkiego oka. Oba mają obiektyw na jednym końcu zamkniętej komory, a materiał światłoczuły (film dla aparatu i siatkówka dla oka) na drugim. W obu systemach przysłona jest używana do kontrolowania ilości światła, które może padać na film/siatkówkę. W kamerze, migawka jest umieszczona między obiektywem a filmem, aby kontrolować ilość światła, które może uderzyć w film. Filtry mogą być mocowane przed obiektywem w celu ograniczenia długości fali światła, które może padać na film.

Istnieją trzy podstawowe elementy systemów fotograficznych. Optyka, film i filtry. Optyka odnosi się do obiektywów i geometrii pozyskiwania światła w aparacie fotograficznym. Obiektywy w aparacie fotograficznym odpowiadają za ogniskowanie i powiększanie obiektu. Zanim światło odbite od obiektu trafi na film, musi przejść przez jeden lub więcej obiektywów. Gdy światło przechodzi przez obiektyw, jest ono wyginane, aby skupić obrazowany obiekt na filmie. Aby zminimalizować zniekształcenia związane z używaniem pojedynczych obiektywów, większość obiektywów do aparatów składa się w rzeczywistości z wielu obiektywów, które współpracują ze sobą, tworząc obraz na filmie.

Ilość szczegółów obrazu, które można zarejestrować na filmie, jest bezpośrednio związana z odległością między obiektywem a filmem, zwaną ogniskową. Wraz ze wzrostem ogniskowej zwiększa się szczegółowość obrazu widoczna na filmie. Zwiększenie ogniskowej nazywane jest zwykle powiększeniem obiektu.

Film w kamerze służy do nagrywania obrazu, który przechodzi przez obiektyw. Film fotograficzny składa się z trwałego podkładu, który jest pokryty warstwą światłoczułą, znaną jako emulsja. Podczas krótkiego czasu otwarcia migawki, światło uderza w film i pozostawia na emulsji ukryty obraz. Obraz ten może być widoczny w procesie wywoływania i drukowania.

Emulsje wykonane są z materiałów wrażliwych na poszczególne regiony widma elektromagnetycznego. Na przykład, niektóre folie są wrażliwe tylko na światło widzialne, podczas gdy inne są wrażliwe na światło bliskiej podczerwieni. W przypadku folii kolorowej, emulsja składa się z trzech warstw, z których każda jest wrażliwa na różne długości fal światła, zwykle niebieskiego, zielonego i czerwonego. W przypadku folii czarno-białej, emulsja jest wrażliwa na szerokie spektrum światła. Emulsje foliowe są zazwyczaj ograniczone do zapisu długości fal w zakresie od 0,4 do 0,9 mikrometra.

Szybkość błony to kolejna jakość emulsji, która jest ważna dla fotografii lotniczej. Szybkość filmu odnosi się do ilości światła, która jest potrzebna do naświetlenia emulsji. Szybki film wymaga mniejszej ilości światła niż wolny film, aby zarejestrować ten sam obraz. Jeśli platforma kamery porusza się, należy zastosować film o dużej prędkości, aby zredukować efekty rozmycia wywołane przez poruszającą się kamerę. Niestety, istnieje kompromis pomiędzy prędkością filmu a jakością obrazu. Im szybsza prędkość filmu, tym bardziej ziarnisty jest obraz. Ze względu na ten kompromis konieczne jest staranne dobranie takiej prędkości filmu, która będzie odpowiadała wymaganiom użytkownika końcowego. Niektóre zaawansowane technicznie uchwyty kamer posiadają kompensator ruchu obrazu, który redukuje efekt rozmycia poruszającej się platformy, co potencjalnie pozwala na użycie wolniejszej kliszy.

W wielu zastosowaniach teledetekcji ważne jest, aby ograniczyć światło docierające do kamery za pomocą filtrów. Filtry kolorowe działają poprzez pochłanianie różnych długości fal, pozwalając jednocześnie na przejście przez inne długości fal. Inny rodzaj filtrów, znany jako filtry o neutralnym kolorze, nie zmieniają spektralnego składu światła, ale zamiast tego zmniejszają ilość światła wszystkich długości fal, które przechodzą.

Prawdopodobnie najczęstszym kolorowym filtrem jest filtr antymagnetyczny. Są to filtry przezroczyste lub żółte, które pochłaniają krótsze fale ultrafioletowe i niebieskie, które są znacznie rozproszone przez cząstki stałe w atmosferze. Innym filtrem stosowanym do monitorowania roślinności jest filtr podczerwony, który pochłania światło widzialne i przepuszcza tylko światło podczerwone.

Fotografia lotnicza jest jedną z najstarszych form teledetekcji i do dziś jest szeroko stosowana. Jest ona zazwyczaj wybierana w przypadku konieczności uzyskania dużych szczegółów przestrzennych. Na przykład, fotografia może być wykorzystywana do identyfikacji poszczególnych gatunków drzew (na podstawie kształtu poszczególnych drzew) oraz do pomiaru wysokości drzew za pomocą specjalnych technik fotograficznych. Ze względu na detale, które można rozpoznać na zdjęciu, fotografia lotnicza jest szeroko stosowana do mapowania klas roślinności.

Fotografia lotnicza jest również wykorzystywana jako narzędzie zwiadowcze w celu dostarczenia informacji ogólnych dla danego obszaru. Na przykład, jeśli doszło do wybuchu choroby, która zabija pewne drzewo lub gatunek rolniczy, fotografia lotnicza przy użyciu filmu w podczerwieni (w celu zlokalizowania stresujących drzew) może monitorować obszary pod kątem oznak i zasięgu choroby.

Radiomierze elektrooptyczne

Radiometr jest przyrządem przeznaczonym do pomiaru natężenia promieniowania elektromagnetycznego w szeregu pasm fal w zakresie od ultrafioletu do mikrofal.

Radiometry są podobne w konstrukcji do kamery, ponieważ mają otwór na światło do wejścia, obiektywy i lustra do przejścia światła, ale zamiast filmu, mają elektroniczny detektor do rejestrowania intensywności energii elektromagnetycznej. Gdy energia uderza w detektor, sygnał proporcjonalny do napromieniowania jest przetwarzany na wyjście cyfrowe lub analogowe, które może zostać zapisane.

Detektory do radiometrów zostały opracowane do pomiaru długości fal od 0,4 do 14 mikrometrów. Chociaż niektóre radiometry mogą wykryć ten cały zakres długości fal, większość z nich mierzy tylko wybrane pasma w tym zakresie. Radiometry, które mierzą więcej niż jeden zakres fal, nazywane są radiometrami wielospektralnymi. Dla tego typu radiometrów światło musi być rozdzielone na pasma dyskretne, tak aby można było odczytywać wiele zakresów fal lub wiele kanałów. Separacji tej można dokonać za pomocą filtrów, pryzmatów lub innych zaawansowanych technik.

Radiometry nieobrazkowe są powszechnie stosowane jako narzędzia badawcze w celu lepszego zrozumienia interakcji światła z obiektami, do spektralnej charakterystyki różnych powierzchni oraz do pomiarów atmosferycznych. Innym powszechnym zastosowaniem jest pomiar ilości i jakości energii słonecznej. Pomiary te mogą być z kolei wykorzystywane do korygowania innych pomiarów obrazowych, a nie do pomiarów obrazowych dla efektów atmosferycznych.

Pasywne systemy mikrofalowe

Pasywne systemy mikrofalowe oparte są na typie radiometru, który wykrywa długości fal w obszarze mikrofalowym widma. Ze względu na charakter promieniowania mikrofalowego, systemy optyczne nie mogą być stosowane do wykrywania tego zakresu długości fal. Podobnie jak w przypadku systemów optycznych, zarówno systemy obrazowania, jak i systemy obrazowania nie są dostępne. Elementami składowymi radiometru mikrofalowego są: antena, odbiornik i urządzenie rejestrujące. Energia mikrofalowa emitowana z powierzchni Ziemi jest zbierana przez antenę, przetwarzana przez odbiornik na sygnał i rejestrowana.

Cechy energii elektromagnetycznej mierzonej przez radiometry mikrofalowe to polaryzacja, długość fali i intensywność. Właściwości te dostarczają użytecznych informacji o strukturze i składzie obiektu. Większość zastosowań pasywnych radiometrów mikrofalowych znajduje się w dziedzinie badań atmosferycznych i oceanograficznych. Okazały się również skutecznym narzędziem do pomiaru wilgotności gleby, która jest ważnym parametrem w badaniach roślinności.

Systemy obrazowania widzialnego, podczerwonego i termicznego

Dzięki połączeniu kilku detektorów lub radiometrów w matryce detektorów, możliwe jest stworzenie czujnika, który może uzyskać dwuwymiarowy obraz obszaru. Istnieją trzy podstawowe konstrukcje czujników obrazowania:

- Ramka
- Pushbroom
- skaner mechaniczny

Pierwsze dwa projekty są podobne. Czujnik kadru to dwuwymiarowa matryca detektorów, która uzyskuje cały obraz przy jednej ekspozycji podobnej do tej, jaką kamera rejestruje obraz na kliszy. Czujnik push-broom to matryca 1D, która uzyskuje obraz w jednej linii naraz. Każda nowa linia danych jest dodawana w miarę jak platforma przesuwa się do przodu, budując obraz w czasie. W systemie skanera mechanicznego czujnik pozyskuje tylko jeden lub kilka pikseli w danej chwili, ale ponieważ skaner fizycznie wymiata lub obraca czujnik (radiometr) lub lustro tam i z powrotem, powstaje obraz.

Ta kategoria czujników (pasywnych systemów obrazowania widzialnego, podczerwonego i termowizyjnego) zawiera wiele instrumentów, które zostały wdrożone na wielu różnych platformach i są wykorzystywane do wielu zastosowań. Większość nowoczesnych systemów obrazowania to systemy wielospektralne (pozyskiwanie danych dla więcej niż jednego ograniczonego obszaru spektralnego). Rejestracja każdego dyskretnego próbkowania spektralnego jest określana jako pasmo lub kanał obrazu. Wykorzystując techniki przetwarzania obrazu, wiele (zazwyczaj trzy) pasm wybranych z bazy danych obrazów wielospektralnych może być łączonych w celu uzyskania jednokolorowego, złożonego obrazu.

Czujniki aktywne

Aktywne systemy dostarczają swoją własną energię świetlną, którą można kontrolować. Niektóre zalety systemów aktywnych w porównaniu z pasywnymi czujnikami są takie, że nie wymagają one oświetlenia słonecznego powierzchni lub idealnych warunków pogodowych do gromadzenia użytecznych danych. Dzięki temu mogą być stosowane w nocy lub w warunkach zamglenia, chmur lub lekkiego deszczu (w zależności od długości fali systemu).

Radar (aktywna mikrofalówka)

Systemy radarowe (detekcji radiowej i zasięgu) wykorzystują mikrofale (długości fal od 1 milimetra do 1 metra). Impulsy mikrofalowe są transmitowane na cel lub powierzchnię, a czas i intensywność sygnału powrotnego są rejestrowane.

Charakterystyka transmisji radaru zależy od długości fali i polaryzacji impulsu energetycznego. Powszechnie stosowane w transmisji impulsowej zakresy długości fal to pasmo K (11-16,7 mm), pasmo X (24-37,5 mm) i pasmo L (150-300 mm). Używanie kodów literowych do oznaczania zakresu długości fali dla różnych systemów radarowych powstało podczas opracowywania radarów w czasie II wojny światowej. Przypadkowe oznaczenia literowe były przypisywane arbitralnie w celu zapewnienia bezpieczeństwa wojskowego, jednak ich stosowanie nie uległo zmianie. Od długości fali odróżnia je polaryzacja transmitowanej energii. Impulsy mogą być nadawane lub odbierane w płaszczyźnie polaryzacji H (poziomej) lub V (pionowej).

Lidar (optyczny aktywny)

Systemy Lidar (wykrywanie światła i zasięg) wykorzystują światło laserowe jako źródło oświetlenia. Krótki impuls światła jest emitowany przez laser, a detektor odbiera energię świetlną (fotony) po jej odbiciu lub pochłonięciu i przekazaniu przez obiekt lub powierzchnię. Systemy lidarne emitują impulsy o określonych, wąskich długościach fal, które zależą od typu zastosowanego nadajnika laserowego. Możliwe długości fal wahają się od ok. 0,3 do 1,5 mikrometra, co obejmuje zakres spektralny od ultrafioletu do bliskiej podczerwieni. Najprostsze systemy lidarowe mierzą czas podróży w obie strony impulsu laserowego, który jest bezpośrednio związany z odległością czujnika od celu. Podstawowe lidary do pomiaru odległości są często nazywane dalmierzami lub wysokościomierzami laserowymi, jeżeli są stosowane w samolocie lub statku kosmicznym. Systemy te zwykle mierzą wysokość, nachylenie i chropowatość powierzchni ziemi, lodu lub wody.

Bardziej zaawansowane lidary mierzą otrzymane natężenie światła odbitego od tyłu w funkcji czasu podróży. Intensywność sygnału dostarcza informacji o materiale, który odbijał fotony. Takie systemy backscatter'owych lidarów są często stosowane w monitoringu atmosferycznym, w celu wykrycia i scharakteryzowania różnych gazów, aerozoli i cząstek stałych. Metody lidarowe zostały ostatnio przystosowane do pomiaru wysokości drzew i pionowego rozmieszczenia warstw okapów z dużą dokładnością i precyzją.

Systemy Lidar mogą również wykonywać pomiary fluorescencji. Fluorescencja odnosi się do procesu, w którym materiał absorbuje energię promieniowania na jednej długości fali, a następnie emituje ją na innej długości fali, nie przekształcając wcześniej zaabsorbowanej energii w energię cieplną. Długości fal, przy których dochodzi do absorpcji i emisji, są specyficzne dla poszczególnych molekuł. Dane fluorescencyjne mogą identyfikować i kwantyfikować ilość planktonu i zanieczyszczeń w środowisku morskim. Fluorescencja liściowa może również pomóc w identyfikacji gatunków roślin.

Platformy teledetekcji

Platformy teledetekcyjne mogą być zdefiniowane jako konstrukcje lub pojazdy, na których zamontowane są przyrządy (czujniki) teledetekcyjne.

Podesty odnoszą się do konstrukcji lub pojazdów, na których zamontowane są przyrządy do teledetekcji. Platforma, na której znajduje się dany czujnik, określa szereg atrybutów, które mogą dyktować użycie poszczególnych czujników. Atrybuty te obejmują: odległość czujnika od obiektu zainteresowania, okresowość pozyskiwania obrazu, czas pozyskiwania obrazu oraz lokalizację i zakres pokrycia.

Charakterystyka platform, na których znajdują się zdalne czujniki, odgrywa istotną rolę w tym, jak efektywnie można obserwować przestrzeń obiektu. Im bardziej równomierna jest przestrzeń obserwacyjna poruszana przez platformę, tym większa jest obserwowalność; w idealnej sytuacji niemal stały zasięg obiektu może dostarczyć danych z czujników zdalnie sterowanych na stałym poziomie dokładności. Oczywiście, nie jest to realistyczny scenariusz, który można osiągnąć w praktyce. Istnieje kilka sposobów na poprawę potencjału obserwacyjnego platformy. Najbardziej oczywistym rozwiązaniem jest zainstalowanie wielu czujników w różnych orientacjach na tej samej platformie, takich jak kamery skierowane do przodu i do tyłu i/lub czujniki LiDAR na platformach mobilnych (Petrie, 2009).

Kategorie platform teledetekcji

Istnieją trzy szerokie kategorie platform teledetekcji:

- Platformy naziemne
- Platformy powietrzne
- Platformy kosmiczne

Platformy naziemne

Platformy naziemne są wykorzystywane do rejestrowania szczegółowych informacji o powierzchni, które są porównywane z informacjami zebranymi ze statków powietrznych lub czujników satelitarnych, tj. do obserwacji naziemnej. Obserwacje naziemne obejmują zarówno badania laboratoryjne, jak i terenowe, wykorzystywane zarówno do projektowania czujników, jak i do identyfikacji i charakterystyki cech terenu.

W teledetekcji stosuje się szeroką gamę platform naziemnych. Niektóre z bardziej popularnych to urządzenia ręczne, trójnogi, wieże i dźwigi. Przyrządy naziemne są często używane do pomiaru ilości i jakości światła słonecznego lub do charakteryzacji obiektów z bliskiej odległości. Na przykład, aby zbadać właściwości pojedynczej rośliny lub niewielkiego fragmentu trawy, sensowne byłoby użycie instrumentu naziemnego.

Przyrządy laboratoryjne wykorzystywane są prawie wyłącznie do badań, kalibracji czujników i kontroli jakości. Wiele z tego, czego nauczyliśmy się z pracy laboratoryjnej, wykorzystuje się do zrozumienia, w jaki sposób teledetekcja może być lepiej wykorzystana do identyfikacji różnych materiałów. Przyczynia się to do rozwoju nowych czujników, które udoskonalają istniejące technologie.

Stałe platformy naziemne są zazwyczaj wykorzystywane do monitorowania zjawiska atmosferycznego, choć służą również do długoterminowego monitorowania cech terenu. Wieże i dźwigi są często wykorzystywane do wspierania projektów badawczych, w których niezbędna jest dość stabilna, długoterminowa platforma. Wieże mogą być budowane na miejscu i mogą być na tyle wysokie, aby wystawały przez zadaszenie lasu, aby można było przeprowadzić szereg pomiarów z dna lasu, przez zadaszenie i z góry zadaszenia.

Platforma lotnicza

Platformy powietrzne służą do zbierania bardzo szczegółowych obrazów i ułatwiają zbieranie danych na praktycznie każdej części powierzchni Ziemi w dowolnym momencie. Platformy powietrzne były jedynymi platformami, które nie były oparte na ziemi i służyły do wczesnej pracy z teledetekcją.

Platformy powietrzne były jedynymi platformami, które nie były oparte na ziemi i służyły do wczesnej pracy z teledetekcją. Pierwsze obrazy lotnicze zostały pozyskane za pomocą kamery noszonej na wysokości balonu w 1859 roku. Balony są dziś rzadko używane, ponieważ nie są zbyt stabilne i przebieg lotu nie zawsze jest przewidywalny, chociaż małe balony z sondami zużywającymi się nadal są wykorzystywane do niektórych badań meteorologicznych.

Samoloty są najczęstszą platformą powietrzną. Prawie całe spektrum samolotów cywilnych i wojskowych jest wykorzystywane do zastosowań teledetekcji. Gdy wymagania dotyczące wysokości i stabilności czujnika nie są zbyt wysokie, jako platformy mogą być używane proste, tanie samoloty. Jednakże, ponieważ wymagania dotyczące większej stabilności przyrządów lub większych wysokości stają się konieczne, należy stosować bardziej zaawansowane technicznie statki powietrzne.

Samoloty są podzielone na trzy kategorie (niskie, średnie i wysokie) w oparciu o ich ograniczenia wysokościowe. Ogólnie rzecz biorąc, im wyżej statek powietrzny może latać, tym bardziej stabilna jest jego platforma, ale odpowiednio droższa w eksploatacji i utrzymaniu.

Samoloty na niskich wysokościach zazwyczaj latają poniżej wysokości, na których potrzebny jest dodatkowy tlen lub ciśnienie (12 500 stóp nad poziomem morza). Są one dobre do pozyskiwania danych o wysokiej rozdzielczości przestrzennej, ograniczonej do stosunkowo małego obszaru. Do tej klasy zaliczają się popularne stałopłatowe, napędzane śmigłem samoloty używane przez prywatnych pilotów, takie jak Cessna 172 lub 182 oraz Piper Cherokee. Ta klasa samolotów jest niedroga w eksploatacji i można ją znaleźć na całym świecie. Niektóre z tych samolotów są specjalnie wyposażone do montażu przyrządów teledetekcyjnych w dolnej części samolotu, jednak wiele razy przyrządy są po prostu zawieszane na drzwiach za pomocą prostych uchwytów.

Śmigłowce są zwykle używane w zastosowaniach na niskich wysokościach, gdzie wymagana jest zdolność do zawisania. Śmigłowce są dość drogie w eksploatacji i zazwyczaj są używane tylko w razie potrzeby.

Samoloty o średniej wysokości mają granicę wysokości mniejszą niż 30 000 stóp nad poziomem morza. Obejmuje to pewną liczbę samolotów turbośmigłowych. Często na wyższych wysokościach występują mniejsze turbulencje, więc stabilność jest lepsza. Ta klasa samolotów jest używana, gdy stabilność jest ważniejsza i gdy konieczne lub pożądane jest uzyskanie obrazu z większej odległości niż dostępna z samolotów o małej wysokości. Samoloty te mogą uzyskać większe pokrycie terenu szybciej niż platformy znajdujące się na małej wysokości. Przykładem tej klasy jest samolot towarowy C-130 i Cessna C402.

Samoloty wysokogórskie mogą latać na wysokościach większych niż 30 000 stóp nad poziomem morza. Ta klasa samolotów jest zazwyczaj napędzana silnikami odrzutowymi i jest używana do specjalistycznych zadań, takich jak badania atmosferyczne, badania symulujące platformy satelitarne i inne zastosowania, w których wymagana jest platforma wysokościowa. Samoloty wysokogórskie są dobre do zdobywania dużego pokrycia areału z zazwyczaj niższą rozdzielczością przestrzenną.

Zdalnie sterowane samoloty są często używane w warunkach, w których loty mogą być zbyt niebezpieczne. Były one szeroko wykorzystywane przez wojsko.

Platforma kosmiczna

Najbardziej stabilną platformą na górze jest satelita, który znajduje się w przestrzeni kosmicznej. Pierwszy satelita teledetekcyjny został umieszczony na orbicie w 1960 r. do celów meteorologicznych. Obecnie wyniesiono na orbitę ponad sto satelitów teledetekcyjnych, a co roku wystawia się na orbitę kolejne. Wahadłowiec kosmiczny jest unikalnym statkiem kosmicznym, który funkcjonuje jako satelita teledetekcyjny i może być ponownie wykorzystany do wielu misji.

Satelity można sklasyfikować według ich geometrii orbitalnej i czasu. Trzy orbity powszechnie używane do teledetekcji satelitów są geostacjonarne, równikowe i słoneczne synchroniczne. Satelita geostacjonarny ma okres obrotu równy okresowi obrotu Ziemi (24 godziny), więc satelita zawsze pozostaje w tym samym miejscu na Ziemi. Satelity komunikacyjne i pogodowe często wykorzystują orbity geostacjonarne, a wiele z nich znajduje się nad równikiem. Na orbicie równikowej satelita okrąża Ziemię z małym nachyleniem (kąt pomiędzy płaszczyzną orbitalną a równikową). Wahadłowiec kosmiczny wykorzystuje orbitę równikową o nachyleniu 57 stopni.

Słoneczne satelity synchroniczne mają orbity o dużym kącie nachylenia, przechodzące prawie nad biegunami. Orbity są tak ustawione czasowo, że satelita zawsze przechodzi nad równikiem w tym samym lokalnym czasie słonecznym. W ten sposób satelity utrzymują tę samą względną pozycję ze Słońcem na wszystkich swoich orbitach. Wiele satelitów teledetekcyjnych jest synchronicznych z Słońcem, co zapewnia powtarzalne warunki oświetlenia słonecznego w określonych porach roku. Ponieważ orbita synchroniczna Słońca nie przechodzi bezpośrednio nad biegunami, nie zawsze możliwe jest uzyskanie danych dla skrajnych regionów polarnych. Częstotliwość, z jaką czujnik satelitarny może pozyskiwać dane o całej Ziemi zależy od charakterystyki czujnika i orbity. Dla większości satelitów teledetekcyjnych całkowita częstotliwość pokrycia wynosi od dwóch razy dziennie do jednego razu co 16 dni.

Inną cechą orbitalną jest wysokość. Wahadłowiec kosmiczny ma niską wysokość orbitalną wynoszącą 300 km, podczas gdy inne popularne satelity teledetekcyjne zazwyczaj utrzymują wyższe orbity w zakresie od 600 do 1000 km.

Większość satelitów teledetekcyjnych została zaprojektowana do przesyłania danych do naziemnych stacji odbiorczych znajdujących się na całym świecie. Aby odebrać dane bezpośrednio z satelity, stacja odbiorcza musi mieć linię wzroku do satelity. Jeśli na całym świecie nie ma wystarczającej liczby wyznaczonych stacji odbiorczych, dany satelita może nie mieć łatwego dostępu do stacji, co może prowadzić do potencjalnych problemów związanych z brakiem ciągłości danych. Aby obejść ten problem, dane mogą być tymczasowo przechowywane na pokładzie satelity, a następnie pobierane po nawiązaniu kontaktu ze stacją odbiorczą. Inną alternatywą jest przekazywanie danych poprzez TDRSS (Tracking and Data Relay Satellite System), sieć geostacjonarnych (geostacjonarnych) satelitów komunikacyjnych rozmieszczonych w celu przekazywania danych z satelitów do stacji naziemnych.

Ładowność satelitów teledetekcyjnych może obejmować systemy fotograficzne, czujniki elektrooptyczne oraz systemy mikrofalowe lub lidarne. W przypadku zastosowań wykorzystujących jednoczesne pokrycie przez różne czujniki, na jednym satelicie można zamontować więcej niż jeden system detekcji. Oprócz systemów czujników, często istnieją urządzenia do rejestrowania, wstępnego przetwarzania i przesyłania danych.

Platformy mobilne

Mobilne systemy mapowania (MMS) zostały wynalezione wraz z pojawieniem się systemu GPS (Novak, 1993), a podstawową koncepcją jest wykorzystanie czujników zainstalowanych na poruszających się pojazdach, takich jak samochody osobowe, ciężarowe, kolejowe, w celu uzyskania danych geoprzestrzennych w bardzo efektywny sposób nad korytarzami transportowymi przy normalnej prędkości jazdy. Dwa główne elementy MMS to bezpośrednie georeferencyjne platformy i obrazowanie cyfrowe (Grejner-Brzezinska, 2001).

Platformy statyczne

Statyczna instalacja systemów teledetekcji, szczególny przypadek platform mobilnych, stanowi raczej nowe podejście; należy zauważyć, że podstawowe kamery internetowe dostarczają informacji wizualnych w czasie rzeczywistym z wielu interesujących miejsc na całym świecie. Ponieważ obrazowanie staje się coraz bardziej wszechobecne pod względem wydajności i przystępności cenowej, instalacje z czujnikami stałymi mogą oferować niespotykaną dotąd rozdzielczość czasową i możliwości obserwacji. Na przykład monitorowanie lodowców ma duże znaczenie ze względu na badania związane ze zmianami klimatycznymi, a zainstalowanie wysokiej rozdzielczości kamer poklatkowych przy krytycznym języku i wzdłuż terminala lodowca stanowi skuteczne narzędzie do monitorowania cofania się lub wzrostu (Lenzano i in., 2014).

Podsumowanie

Do zastosowań zdalnej detekcji, czujniki powinny być montowane na odpowiednich stabilnych platformach. Platformy te mogą być naziemne, pneumatyczne lub kosmiczne. Wraz ze wzrostem wysokości podestu zwiększa się rozdzielczość przestrzenna i powierzchnia obserwacyjna. Dzięki temu czujnik jest montowany wyżej, a rozdzielczość przestrzenna i widok synoptyczny są większe. Typy lub właściwości platformy zależą od typu czujnika, który ma być zamontowany i jego zastosowania. Platformy dla czujników zdalnych mogą być umieszczone na ziemi, na statku powietrznym lub balonie (lub innej platformie w atmosferze ziemskiej), lub na statku kosmicznym lub satelicie poza atmosferą ziemską. Typowymi platformami są satelity i statki powietrzne, ale mogą one również obejmować samoloty sterowane drogą radiową, zestawy balonów do zdalnej detekcji na niskich wysokościach.

Referencje

- Toth, C., & Jóźków, G. (2016). Platformy teledetekcyjne i czujniki: Ankieta. ISPRS Journal of Photogrammetry and Remote Sensing, 115, 22-36. doi:10.1016/j.isprsjprs.2015.10.004

- Lillisand, T., Kiefer, R., Chipman, J., 2015. Remote Sensing and Image Interpretation, siódme wydanie. Wiley.

- Lenzano, M.G., Lannutti, E., Toth, C., Lenzano, L., Lo Vecchio, A., 2014. Assessment of ice-dam collapse by time-lapse photos at the Perito Moreno Gletscher Argentina.

- Martínez, S., Ortiz, J., Gil, M.L., Rego, M.T., 2013. Rejestracja złożonych struktur za pomocą fotogrametrii bliskiego zasięgu: katedra Santiago De Compostela.

Fotogram. Rec. 28 (144), 375-395.

- ASPRS, 2011. ASPRS Ten-Year Remote Sensing Industry Forecast. <http://www.asprs.org/10-Year-Industry-Forecast/Ten-Year-Industry-Forecast.html> (data uzyskania: 16.09.2015).

- Petrie, G., 2009. Systematyczna skośna fotografia lotnicza z wykorzystaniem wielu aparatów cyfrowych. Fotogram. Inż. Remote Sens. 75 (2), 102-107.

- Schowengerdt, Robert A., 2007. Remote Sensing: Models and Methods for Image Processing, 3rd ed. Prasa akademicka, s. 2. ISBN 978-0-12-369407-2.

- Fraser, C.S., Woods, A., Brizzi, D., 2005. Hiperadmiarowość dla zwiększenia dokładności w zautomatyzowanej fotogrametrii bliskiego zasięgu. Fotogram. Rec. 20(111), 205-217.

- Campbell, J.B., 2002. Wprowadzenie do teledetekcji. CRC Press.

- Mikhail, E.M., Bethel, J.S., McGlone, J.C., 2001. Wprowadzenie do współczesnej fotogrametrii. John Wiley Sons Inc.

- Grejner-Brzezinska, D., 2001. Mobile mapping technology: dziesięć lat później, część I i II. Przetrwanie. Informowanie o ziemi. Syst. 61 (2 i 3), 79-94, 83-100.

- Novak, K., 1993. Mobilne systemy mapowania: nowe narzędzia do szybkiego zbierania informacji GIS. In: Proc. SPIE 1943, State-of-the-Art Mapping, 188. http://dx.doi.

org/10.1117/12.157147.

Rozdział 4 Podstawy teledetekcji satelitarnej

Wprowadzenie

Teledetekcja satelitarna jest definiowana jako technologia uzyskiwania informacji o powierzchni ziemi za pomocą specjalnych czujników zamontowanych na satelitach. Każdy rodzaj powierzchni ziemi charakteryzuje się, na przykład, glebą, skałami, roślinnością i zbiornikami wodnymi, w charakterystyczny sposób pochłania i odbija promieniowanie słoneczne. Emituje również promieniowanie elektromagnetyczne w różnym stopniu w zależności od temperatury. Cechy te pozwalają na rozróżnienie właściwości ziemi poprzez wykrywanie promieniowania elektromagnetycznego odbijanego i/lub emitowanego od powierzchni ziemi. Jest to podstawowa zasada teledetekcji satelitarnej. Jej zastosowania obejmują szeroki zakres dziedzin, w tym mapowanie topograficzne, mapowanie pokrycia terenu/użytkowania, ocenę środowiskową, prognozowanie produkcji roślin uprawnych, badanie zasobów naturalnych i prognozy meteorologiczne. Potencjalne zastosowanie systemu teledetekcji satelitarnej w konkretnej dziedzinie zależy od właściwości systemu, takich jak rozdzielczość przestrzenna, spektralna i czasowa czujnika pokładowego. Wysoka rozdzielczość przestrzenna jest wymagana w przypadku mapowania topograficznego dla stosunkowo małych obszarów. Podobnie wysoka rozdzielczość spektralna ma kluczowe znaczenie dla precyzyjnego odróżniania warunków panujących na obiektach. Rozdzielczość czasowa jest istotna dla powtarzalnych obserwacji, takich jak monitoring środowiska. System teledetekcji, który posiada wszystkie te cechy wysokiej rozdzielczości, jest oczywiście celem projektów z zakresu teledetekcji satelitarnej, szczególnie w przypadku mapowania topograficznego.

Koncepcja Satelitarna

Satelita to każde naturalne lub sztuczne ciało poruszające się wokół ciała niebieskiego, takiego jak planety i gwiazdy. Satelity są umieszczane na pożądanej orbicie i mają ładowność zależną od planowanego zastosowania.

Satelity teledetekcyjne

Obecnie dostępnych jest kilka satelitów teledetekcyjnych, dostarczających obrazy odpowiednie do różnego rodzaju zastosowań. Każdy z tych satelitów-czujników charakteryzuje się pasmami długości fali wykorzystywanymi do pozyskiwania obrazu, rozdzielczością przestrzenną czujnika, obszarem pokrycia oraz pokryciem czasowym, tzn. jak często dane miejsce na powierzchni ziemi może być obrazowane przez system obrazowania.

Pod względem rozdzielczości przestrzennej, systemy obrazowania satelitarnego można sklasyfikować do kategorii:

- Systemy o niskiej rozdzielczości (ok. 1 km lub więcej)
- Systemy średniej rozdzielczości (ok. 100 m do 1 km)
- Systemy o wysokiej rozdzielczości (ok. 5 m do 100 m)
- Systemy o bardzo wysokiej rozdzielczości (ok. 5 m lub mniej)

Jeśli chodzi o regiony spektralne wykorzystywane do pozyskiwania danych, systemy obrazowania satelitarnego można sklasyfikować:

- Optyczne systemy obrazowania (obejmują widzialne, bliskie podczerwieni i krótkofalowe systemy podczerwieni)
- Systemy obrazowania termicznego
- Systemy obrazowania za pomocą radarów z syntetyczną aperturą (SAR)

Rodzaje satelitów teledetekcyjnych

Na podstawie orbity

- Satelita na orbicie polarnej
- Satelity geostacjonarne

W oparciu o cel

- Satelity komunikacyjne
- Satelity metrologiczne (Satelity pogodowe)
- Satelity zasobowe
- Morskie satelity obserwacyjne
- Satelity strategiczne (wojskowe)

Na podstawie orbity:

Satelita podąża po ogólnie eliptycznej orbicie wokół Ziemi. Czas potrzebny do wykonania jednego obrotu orbity nazywany jest okresem orbitalnym. Satelita śledzi ścieżkę na powierzchni ziemi, nazywaną jego naziemny tor, jak porusza się po niebie. Ponieważ ziemia poniżej obraca się, satelita śledzi inną ścieżkę na powierzchni ziemi w każdym kolejnym cyklu. Satelity teledetekcyjne są często wystrzeliwane na specjalne orbity w taki sposób, że satelita powtarza swoją ścieżkę po upływie określonego czasu. Ten przedział czasowy nazywany jest cyklem powtarzania satelity.

Satelita na orbicie polarnej

- Biegną pomiędzy N i S biegunami o kącie nachylenia od 80 do 100 stopni.
- Przechodzić nad wszystkie miejsce na ziemi mieć the ten sam wysokość dwa razy w każdy orbita przy the ten sam lokalny słońce czas.
- Są one uważane za Niskie Orbitery Ziemi (LEO), które orbitują wokół Ziemi na wysokości około 300 km.
- Zaoferuj wyższą rozdzielczość.

Przykłady:

- Landsat
- SPOT

- NOAA

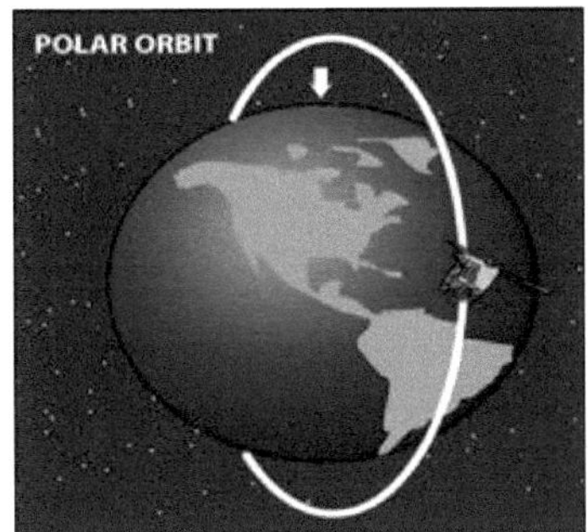

Satelity geostacjonarne

Jeżeli satelita podąża po orbicie równoległej do równika w tym samym kierunku co obrót Ziemi i w tym samym czasie 24 godzin, satelita pojawi się nieruchomo w stosunku do powierzchni ziemi. Ta orbita jest orbitą geostacjonarną. Satelity na orbitach geostacjonarnych znajdują się na dużej wysokości 36.000 km. Dzięki tym orbitom satelita może zawsze oglądać ten sam obszar na ziemi. Duży obszar Ziemi może być również pokryty przez satelitę.

- Orbituje wokół Ziemi na orbicie równikowej.
- Umieszczony nad równikiem w odległości około 36.000 km.
- Jego okres jest równy okresowi rotacji Ziemi (24 godziny).
- Zaoferuj ciągły widok.

Przykłady:

- BUDOWNICTWA
- METEOSAT
- INTELSAT

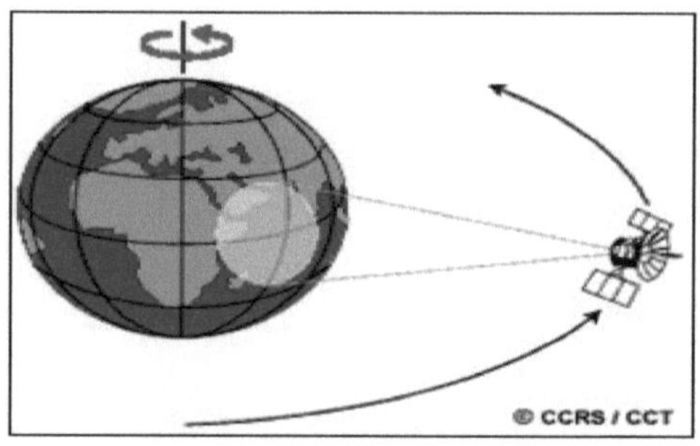

W oparciu o cel:

Satelity komunikacyjne

- Zapewnia komunikację na duże odległości poprzez odbijanie lub przekazywanie sygnałów o częstotliwości radiowej.

Przykłady:

- Wynik, 1958 r., USA (1. aktywny satelita komunikacyjny)
- Telstar 1, 1962 przez USA

Satelity metrologiczne (Satelity pogodowe)

- Są używane do monitorowania warunków pogodowych i prognozowania pogody na całym świecie

Przykłady:

o ATS-1, 1966, przez USA, NASA

o elektrotechniczne blachy teksturowane 8, 1994 r. przez USA

Satelity zasobowe

- Są zoptymalizowane pod kątem szczegółowego mapowania powierzchni terenu.

Przykłady:

o SPOT-1, przez Francję w 1986 r.

o Landsat -1, przez NASA, USA w 1972 r. (pierwszy satelita do monitorowania powierzchni Ziemi)

Morskie satelity obserwacyjne

- są używane do monitorowania oceanów planety.

Przykłady:

- MOS-1b, przez Japonię w 1990 r.

Satelity strategiczne (wojskowe)

- Służą do inwigilacji wielu różnych celów będących przedmiotem zainteresowania jednostek wywiadu wojskowego.

Przykłady:

- IKONOS, przez USA w 1999 r. (pierwszy komercyjny satelita wysokiej rozdzielczości)

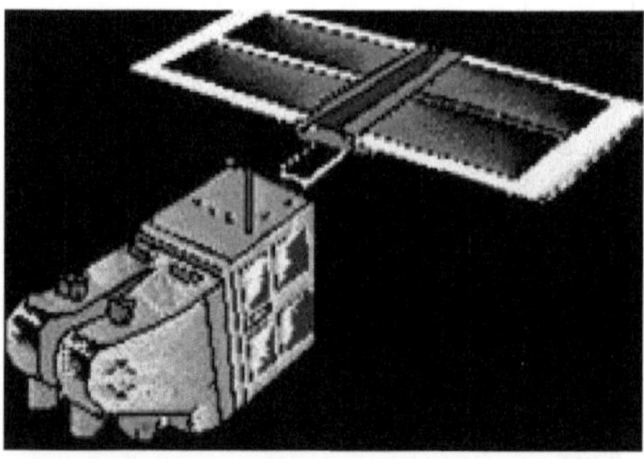

Charakterystyka satelitów

Satelity posiadają kilka unikalnych cech, które czynią je szczególnie przydatnymi do zdalnego wykrywania powierzchni ziemi.

Orbita

- Odnosi się do ścieżki, po której porusza się satelita.
- Wybór orbity może się różnić pod względem:
  - Ich orientacja i obrót względem ziemi

Wysokość nad poziomem morza

- Odnosi się do odległości (w Km) od satelity do średniego poziomu powierzchni ziemi.
- Odległość w dużym stopniu wpływa na to, jaki obszar jest oglądany i w jakich szczegółach
- Orbita polarna, 600 - 800 km
- Orbita geostacjonarna, 36.000 km

Kąt nachylenia

- Odnosi się do kąta utworzonego przez płaszczyznę orbity w stosunku do płaszczyzny równika.
- To decyduje:
  - Wierność widzenia czujnika
  - Szerokość geograficzna, która ma być przestrzegana

Okres:

- Odnosi się do czasu (w minutach) potrzebnego do ukończenia jednej pełnej orbity.
- Szybkość działania platformy ma wpływ na rodzaj obrazów, które mogą być pozyskane (czas na "ekspozycję").

Powtórzyć Cykl

o Odnosi się do czasu pomiędzy dwoma kolejnymi obrazami tego samego obszaru lub czasu (w dniach) pomiędzy dwoma kolejnymi identycznymi orbitami.

Swath

o Kiedy satelita obraca się wokół Ziemi, czujnik "widzi" pewną część jej powierzchni. Obszar przedstawiony na powierzchni, nazywany jest pokosem.

o Pokos dla obrazu satelitarnego jest bardzo duży, od dziesiątek do setek kilometrów szerokości.

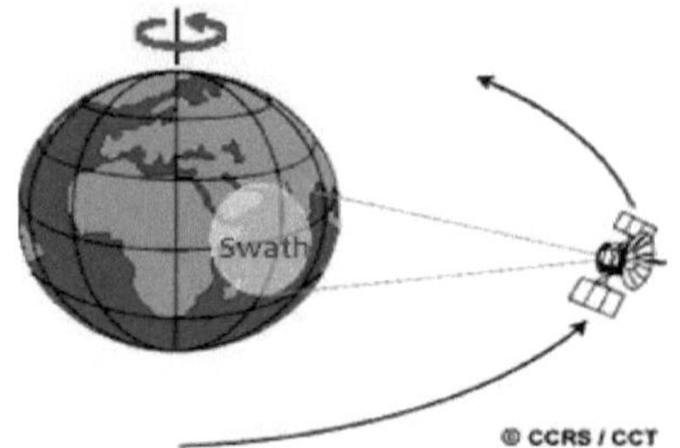

Nadir

o Jeśli zaczniemy od dowolnego losowo wybranego przejścia na orbicie satelity, cykl orbitalny zostanie zakończony, gdy satelita powtórzy swoją drogę, przechodząc po raz drugi nad tym samym punktem na powierzchni Ziemi bezpośrednio pod satelitą (zwanym punktem nadir).

o Jest to punkt znajdujący się w najmniejszej odległości od satelity, bezpośrednio pod nim.

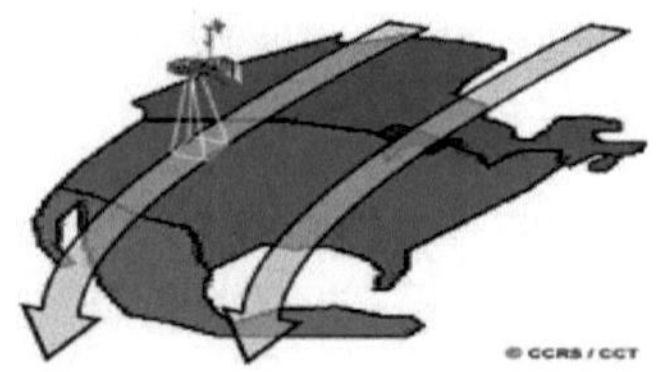

Przepustki zjazdowe i zjazdowe

o Ścieżka przecinana przez satelitę, gdy porusza się z północy na południe, nazywana jest zjazdową, a jej podróż z południa na północ jest wznosząca się.

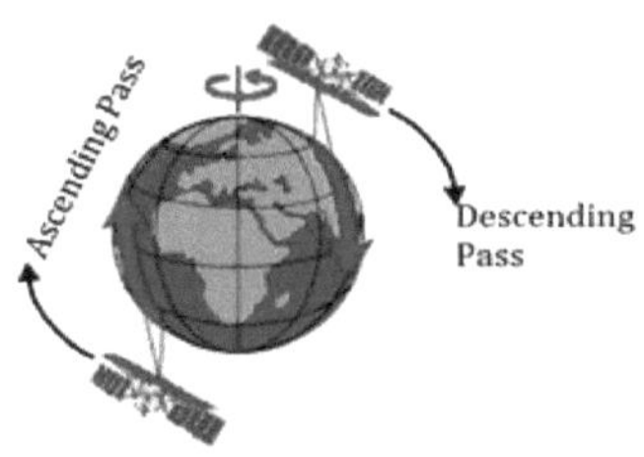

IFOV (Chwilowe pole widzenia)

o Odnosi się do kąta bryłowego, przez który czujka jest czuła na promieniowanie.

o IFOV jest kątowym stożkiem widoczności czujnika (A) i określa obszar na powierzchni Ziemi, który jest "widziany" z danej wysokości w danym momencie czasowym (B).

o Wielkość oglądanego obszaru jest określana przez pomnożenie IFOV przez odległość od ziemi do czujnika (C). Ten obszar na ziemi nazywany jest komórką rozdzielczości i określa maksymalną rozdzielczość przestrzenną czujnika.

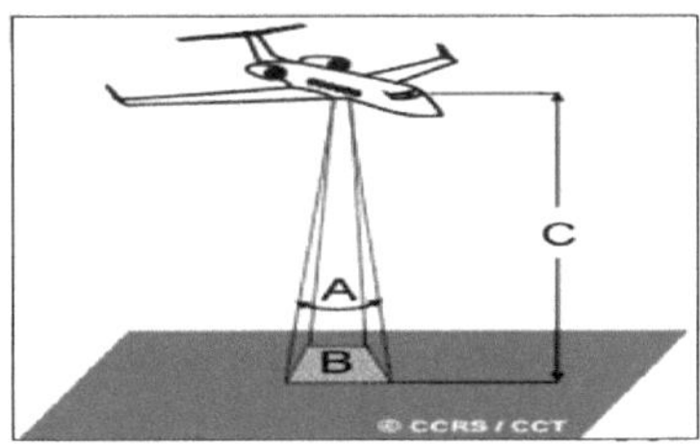

Odbiór, przesyłanie i przetwarzanie danych z satelity

o Istnieją trzy główne warianty przesyłania danych pozyskanych przez satelity na powierzchnię.

o Dane mogą być przekazywane bezpośrednio na Ziemię, jeśli w zasięgu wzroku satelity (A) znajduje się naziemna stacja odbiorcza (GRS).

o Dane te mogą być zapisywane na pokładzie satelity (B) w celu późniejszego przesłania ich do systemu GRS.

o Dane mogą być również przekazywane do GRS za pośrednictwem systemu satelitarnego śledzenia i przekazywania danych (TDRSS) (C), który składa się z szeregu satelitów komunikacyjnych na orbicie geosynchronicznej. Dane są przekazywane z jednego satelity na drugiego do momentu, gdy dotrą do odpowiedniego GRS.

Globalny zasięg

Dane satelitarne są pozyskiwane przez platformę, która ma stabilną orbitę wokół Ziemi. Dlatego czujniki EO umożliwiają uzyskanie spójnych i powtarzalnych obrazów całej planety, w tym obszarów dość odległych i normalnie niedostępnych, takich jak obszary polarne, górskie, pustynne i leśne.

Globalny zasięg zapewniany przez satelity jest szczególnie przydatny w monitorowaniu i zrozumieniu dynamicznych procesów wpływających na nasze środowisko. Istnieje wiele obaw związanych z licznymi obciążeniami dla środowiska naturalnego, takimi jak globalne ocieplenie, zmniejszenie różnorodności biologicznej, wyczerpywanie się słodkiej wody oraz degradacja i pustynnienie ziemi.

Technologia Teledetekcji Satelitarnej

Podstawowe zasady teledetekcji wynikają z charakterystyki i interakcji promieniowania elektromagnetycznego (EMR) w miarę jego rozprzestrzeniania się od źródła do czujnika. Zasady te odnoszą się do następujących aspektów: 1) źródła energii oraz rodzaju i ilości dostarczanej przez nie energii; 2) pochłaniania i rozpraszania wpływu atmosfery na EMR; 3) mechanizmów oddziaływania EMR z właściwościami powierzchni Ziemi; oraz 4) charakteru reakcji czujnika, określonego przez rodzaj czujnika.

Teledetekcja satelitarna stanowi technologię synoptycznej akwizycji danych przestrzennych i pozyskiwania informacji specyficznych dla danego krajobrazu.

Większość czujników satelitarnych wykrywa EMR elektronicznie w postaci ciągłego strumienia danych cyfrowych. Dane te są przesyłane do naziemnych stacji odbiorczych, przetwarzane w celu stworzenia zdefiniowanych produktów danych i udostępniane użytkownikom na różnych cyfrowych nośnikach danych.

Nacisk na dane z obrazów satelitarnych w tym przewodniku nie ma na celu zmniejszenia roli fotografii lotniczej i pracy w terenie w dostarczaniu danych "prawdy naziemnej". Każdy kompleksowy program odwzorowania cech krajobrazu, oceny i ilościowego określenia ich właściwości oraz monitorowania zmian wymaga na ogół wsparcia danych o prawdziwości naziemnej w celu opracowania i weryfikacji wykorzystania danych obrazu satelitarnego. Rozwijanie zamierzonego wykorzystania danych z czujników satelitarnych odnosi się do ustalenia powiązań jakościowych lub ilościowych, które chce się wdrożyć; innymi słowy, do określenia zdolności do osiągnięcia celu przy użyciu określonego rodzaju danych. Weryfikacja odnosi się do oceny wydajności i udoskonalenia zdolności. Działania te umożliwiają ustalenie związku między danymi obrazu satelitarnego a pożądanymi informacjami o krajobrazie (zarówno atrybutami dotyczącymi wymiarów naturalnych, jak i ludzkich).

Rodzaj uzupełniających danych dotyczących prawdy gruntowej wykorzystywanych w konkretnych badaniach różni się w zależności od skali wykorzystywanych danych pierwotnych. Podczas pracy z danymi satelitarnymi o grubej rozdzielczości w skali kontynentalnej i globalnej (takimi jak dane z zaawansowanego radiometru o bardzo wysokiej rozdzielczości o rozdzielczości przestrzennej 1 km), dane satelitarne o wysokiej rozdzielczości (takie jak Landsat lub System Probatoire d'Observation de la Terra (SPOT)) mogą służyć jako dane wspierające dane dotyczące prawdy o ziemi. Z drugiej strony, naukowcy badający ludzkie wymiary zmian globalnych za pomocą zdjęć satelitarnych o wysokiej rozdzielczości mogą być zmuszeni do uwzględnienia interpretacji zdjęć lotniczych i informacji uzyskanych w terenie w celu potwierdzenia zamierzonego wykorzystania danych satelitarnych i potwierdzenia ich wyników.

Znaczenie teledetekcji satelitarnej dla badań nad zmianami globalnymi

Badania nad globalnymi zmianami stawiają przed środowiskiem naukowym istotne wyzwania. Naukowcy zajmujący się fizyką i biologią (określani wspólnie jako naukowcy zajmujący się naukami przyrodniczymi) od co najmniej dziesięciu lat zmagają się z wyzwaniami związanymi z zapotrzebowaniem na dane i określili przydatność zdalnych czujników satelitarnych jako głównych źródeł spójnych, ciągłych danych dla badań atmosfery, oceanów i gruntów w różnych skalach przestrzennych i czasowych. Obszerna literatura w wielu dyscyplinach nauk przyrodniczych dokumentuje rozwój lub potencjał technik analizy danych z czujników satelitarnych w celu określenia cech środowiskowych i monitorowania procesów fizycznych i biologicznych istotnych dla badań nad zmianami globalnymi.

Dane z czujników satelitarnych okazały się przydatne dla środowisk związanych z naukami o atmosferze i oceanologii. Podczas gdy naukowcy społeczni mogą mieć niewielki udział w badaniach naukowych nad biologicznymi, fizycznymi i chemicznymi procesami, którymi zajmują się te społeczności, interesy związane z wymiarami ludzkimi są związane z przyczynami zaburzeń systemów atmosferycznych i oceanicznych, które są badane oraz z wynikającymi z nich skutkami zdrowotnymi i społeczno-ekonomicznymi dla ludzi.

Najważniejsze cechy systemów radarowych telewizji satelitarnej

Obrazy satelitarne są teraz częścią codziennego życia. Wykorzystanie na przykład Virtual Earth™, Google Earth™ i Google Maps™ zrewolucjonizowało sposób, w jaki uzyskujemy dostęp, wizualizujemy i wyszukujemy informacje geograficzne, dostarczając ogromną ilość danych pozyskiwanych przez platformy satelitarne montujące czujniki optyczne, tj. zaawansowane kamery pozyskujące obrazy w domenie optycznej (długość fali widzialnej waha się od około 0,3 do około 0,7 mikrometra) lub w sąsiednich pasmach, takich jak podczerwień i ultrafiolet. Czujnik radarowy pracuje w innym paśmie widma elektromagnetycznego: w domenie mikrofalowej. Tutaj długości fal są o kilka centymetrów dłuższe, 100 000 razy dłuższe niż te w spektrum widzialnym.

Różne czujniki radarowe pracują na różnych częstotliwościach, gdzie im dłuższa jest długość fali, tym bardziej efektywna jest możliwość penetracji materiału (dielektryka). Dlatego też, w przeciwieństwie do aparatu optycznego, czujnik radarowy może widzieć przez chmury, mgłę i pył, co czyni go wyjątkowym narzędziem do wielu zastosowań. I jest to system aktywny: obrazy są tworzone poprzez oświetlanie obszaru zainteresowania impulsami elektromagnetycznymi i zapisywanie echa od przedmiotów naturalnych i stworzonych przez człowieka z powrotem do anteny radarowej. W systemach monostatycznych ta sama antena działa zarówno jako nadajnik jak i odbiornik, przełączając się z jednego trybu na drugi tysiąc razy na sekundę.

Ich zdolność do działania niezależnie od oświetlenia słonecznego i generowania obrazów bez względu na warunki pogodowe sprawiła, że satelitarne platformy radarowe stały się nieocenionym narzędziem do obserwacji Ziemi i teledetekcji, uzupełniającym informacje gromadzone przez czujniki optyczne.

Radar to spójny czujnik. Może on dokładnie rejestrować zarówno informacje o amplitudzie jak i fazie dla każdego celu naziemnego. Koncepcja informacji fazowej zasługuje na specjalną sekcję, ale aby wprowadzić ten temat wystarczy powiedzieć, że większość dostępnych obecnie satelitarnych systemów radarowych wykorzystuje sygnały "prawie monochromatyczne": to znaczy, że wiązka świetlna może być postrzegana jako nakładanie się na siebie zestawu sinusoidalnych sygnałów o podobnej amplitudzie i częstotliwości skupionych na roboczej (lub centralnej) częstotliwości czujnika radarowego (f0).

Podsumowanie

Teledetekcja satelitarna ma kilka zalet w porównaniu z innymi konwencjonalnymi metodami pobierania próbek i monitorowania środowiska, takimi jak pomiary terenowe in situ lub czujniki naziemne. Czujniki umieszczone w przestrzeni kosmicznej zapewniają globalny widok na powierzchnię Ziemi, w okresach czasowych i bez widocznych obszarów widma elektromagnetycznego. Dane są dostępne szybko i można je łatwo połączyć z innymi bazami danych przestrzennych, dzięki czemu stanowią odpowiednie źródło informacji dla integracji danych przestrzennych.

Referencje

- Chini, M., Pierdicca, N., Emery, W.J.: Wykorzystanie obrazów optycznych SAR i VHR do ilościowego określenia szkód spowodowanych przez trzęsienie ziemi Bam z 2003 roku. Geosci. Remote Sens. IEEE Trans. 47(1), część 1, 45-152 (2009).

- Orsomando, F., Lombardo, P., Zavagli, M., Costantini, M.: SAR i optyczna synteza danych do wykrywania zmian. Urban Remote Sensing Joint Event 11-13 pp. 1–9 (2007).

- Ali, M.A., Clausi, D.A.: Automatyczna rejestracja obrazów SAR i widocznych obrazów teledetekcji pasma. W: Proceedings of the Geosciences and Remote Sensing Symposium IGARSS '02,IEEE International, pp. 1331-1333 (2002).

- Dare, P., Dowman, I.: Nowe podejście do automatycznej rejestracji obrazów SAR i SPOT w oparciu o funkcje. Int. Arch. Photogr. Remote Sens. XXXIII, 125-130 (2000).

Rozdział 5 Przetwarzanie obrazu na potrzeby teledetekcji

Wprowadzenie

Systemy obrazowania, w szczególności te znajdujące się na pokładach satelitów, zapewniają powtarzalny i spójny obraz ziemi, który był wykorzystywany w wielu zastosowaniach teledetekcji, takich jak rozwój miast, wylesianie i monitorowanie upraw, prognozowanie pogody, mapowanie użytkowania gruntów, mapowanie pokrycia terenu itp. Dla każdego zastosowania konieczne jest opracowanie specjalnej metodologii pozyskiwania informacji z danych obrazowych.

Głównym celem przetwarzania obrazu cyfrowego jest ekstrakcja informacji i poprawa ich jakości wizualnej w celu uczynienia ich bardziej zrozumiałymi dla ludzkiego analityka lub autonomicznej percepcji maszynowej. Przykładami obrazów cyfrowych są obrazy uzyskiwane przez kamery cyfrowe, czujniki na pokładach satelitów lub samolotów, urządzenia medyczne, przemysłowe urządzenia kontroli jakości itp.

Coraz częściej dane z wielu czujników są wykorzystywane w celu uzyskania pełnego zrozumienia procesów zachodzących na Ziemi. Aby sprostać wyzwaniom związanym z pozyskiwaniem informacji z danych teledetekcyjnych, opracowano różne technologie przetwarzania obrazu. Aby zbudować aplikację do teledetekcji, należy opracować procedurę przetwarzania danych, a tym samym wygenerować oczekiwany wynik. Przed analizą obrazów należy je skorygować geometrycznie i radiometrycznie. Ta faza przetwarzania, zwana przetwarzaniem wstępnym, jest niezbędna głównie w zastosowaniach, w których obrazy są pozyskiwane z różnych czujników i w różnym czasie. Po tej fazie, obrazy są wzmacniane w celu ułatwienia pozyskiwania informacji. Na koniec obrazy są dzielone na segmenty i klasyfikowane w celu stworzenia cyfrowej mapy tematycznej.

Obraz cyfrowy

Cyfrowy obraz zdalnie sterowany składa się zazwyczaj z elementów obrazu (pikseli) umieszczonych na przecięciu każdego rzędu (i) i kolumny (j) w każdym z pasm (K) obrazu. Z każdym pikselem związana jest liczba znana jako Liczba cyfrowa (DN) lub Wartość jasności (BV), która przedstawia średnią wartość promieniowania stosunkowo małego obszaru w obrębie sceny (Rys. 9).

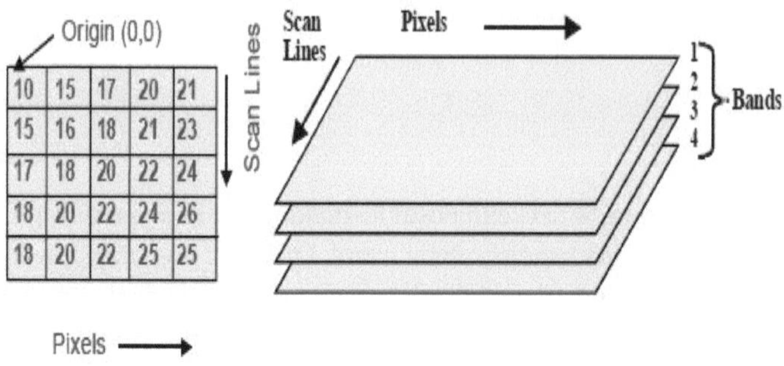

Rysunek 9: Struktura obrazu cyfrowego i obrazu wielospektralnego

Kompozyty barwne

Podczas wyświetlania różnych pasm wielospektralnego zbioru danych, obrazy uzyskane w różnych pasmach są wyświetlane w płaszczyznach obrazu (innych niż ich własne), a kolorowy kompozyt jest uważany za False Color Composite (FCC). Wysoka rozdzielczość spektralna jest ważna przy tworzeniu składowych kolorystycznych. Dla prawdziwego kompozytu kolorystycznego dane obrazowe używane w czerwonym, zielonym i niebieskim obszarze spektralnym muszą być przypisane do bitów pamięci bufora czerwonej, zielonej i niebieskiej ramki procesora obrazu. Kompozyt kolorowy w podczerwieni "standardowy fałszywy komponent kolorystyczny" jest wyświetlany poprzez umieszczenie w pamięci bufora podczerwieni, czerwonego, zielonego i niebieskiego ramki (Rys. 10). W tej zdrowej roślinności pojawia się w odcieniach czerwieni, ponieważ roślinność pochłania większość energii zielonej i czerwonej, ale odbija około połowy przypadającej na nią energii podczerwieni. Obszary miejskie odbijają równą część NIR, R & G, a więc pojawiają się jako stalowo-szare.

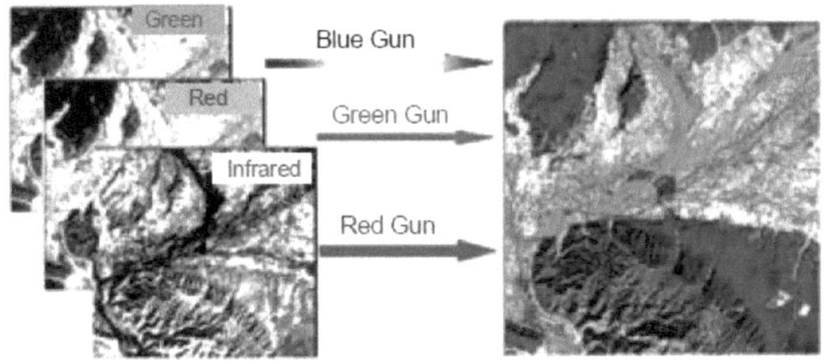

Rysunek 10: Kompozyt kolorów fałszywych (FCC) z IRS : LISS II Obszar Poanta

Charakterystyka obrazów teledetekcyjnych

Najważniejszą cechą obrazów teledetekcyjnych jest zakres długości fal stosowany w systemie akwizycji obrazu. Optyczne systemy teledetekcji pozyskują i rejestrują dane z zakresu widzialnego do bliskiego i średniego/termicznego podczerwieni w spektrum elektromagnetycznym. Energia odbita przez cele na ziemi może być rozwiązana w różnych długościach fal, które pomagają zrozumieć właściwości powierzchni ziemi są obrazowane. Zdolność czujnika do określenia dokładnych interwałów długości fal jest opisana przez jego rozdzielczości spektralnej. Im mniejsza rozdzielczość spektralna, tym węższy odstęp długości fali dla danego kanału lub pasma.

Inne ważne cechy obrazów teledetekcyjnych to rozdzielczość przestrzenna, czasowa i radiometryczna. Termin "rozdzielczość przestrzenna" jest używany w odniesieniu do wielkości najmniejszego obserwowanego obiektu. Im wyższa rozdzielczość przestrzenna tym mniejszy obiekt, który można wyróżnić na obrazie.

Rozdzielczość czasowa określa przedział czasowy, w którym ten sam obszar na ziemi jest obrazowany przez satelitę. Regularne rewizje są ważne dla monitorowania zmian obiektów (uprawy rolne, obszary miejskie, woda).

Rozdzielczość radiometryczna odnosi się do liczby poziomów cyfrowych używanych do reprezentacji danych zebranych przez czujnik. Każdy piksel jest reprezentowany przez liczbę cyfrową (DN). Większość obrazów pozyskanych z systemów obrazowania o średniej rozdzielczości przestrzennej jest reprezentowana z 256 poziomami kwantyzacji (równoważnymi 8 bitom).

W teledetekcji każdy monochromatyczny obraz uzyskany w określonym zakresie długości fali nazywany jest pasmem spektralnym. Zestaw pasm nazywany jest obrazem wielospektralnym. Pasma te mogą być skomponowane w modelu kolorystycznym RGB (czerwony, zielony i niebieski) i wykorzystywane do wyświetlania, poprawy i ekstrakcji informacji. Różne kompozycje kolorystyczne mogą być tworzone poprzez przypisanie każdego pasma do każdego kanału R, G i B.

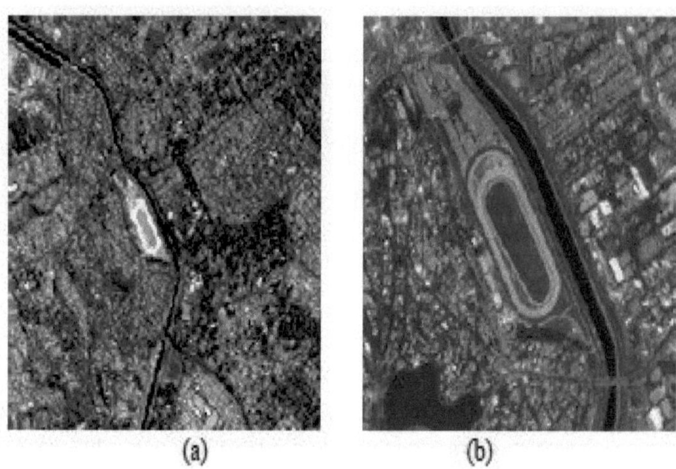

(a) (b)

Rysunek 1 - Obrazy uzyskane z czujników o różnych rozdzielczościach przestrzennych.

a) Landsat-TM5, 30 m; b) Alos-AVNIR, 10 m.

Podstawowe kroki w przetwarzaniu obrazu za pomocą teledetekcji

Dla każdego zastosowania teledetekcji należy opracować specjalną metodologię przetwarzania.

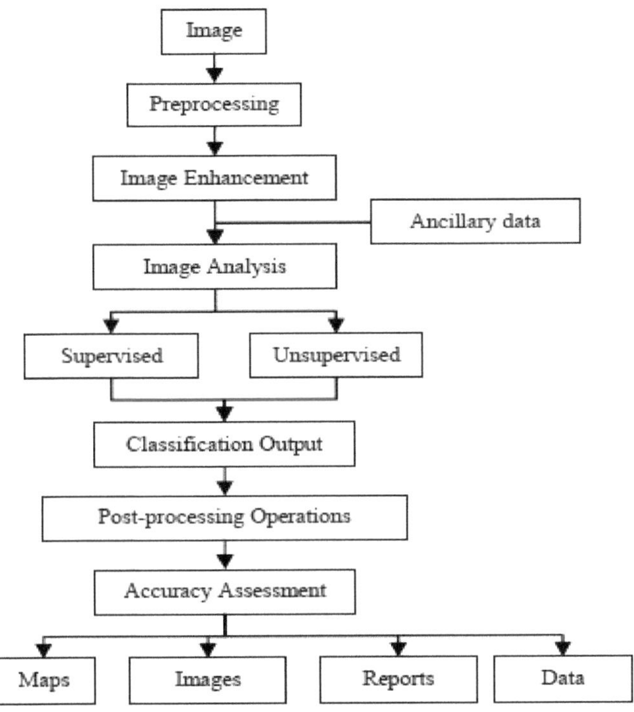

Rysunek 2- Podstawowe etapy przetwarzania obrazu za pomocą teledetekcji

Rysunek 2 ilustruje główne etapy cyfrowego przetwarzania obrazu, które określają sekwencję operacji, ogólnie rzecz biorąc, przyjętą w celu zbudowania metodologii. Etap przetwarzania wstępnego składa się z tych operacji, które przygotowują dane do późniejszej analizy, próbującej skorygować lub skompensować błędy systematyczne. Wspólne techniki przetwarzania wstępnego obejmują korektę atmosferyczną, filtrowanie zakłóceń, kalibrację detektora, korektę geometryczną i rejestrację obrazu. Po zakończeniu przetwarzania wstępnego, analityk może zastosować techniki ulepszeń w celu wzmocnienia interesujących go obiektów, jak również techniki ekstrakcji cech w celu zmniejszenia wymiarowości danych. W tym miejscu nazwiemy ten krok jako udoskonalenie.

Rysunek 3 - Obraz CBERS-2B CCD regionu miejskiego Brasilii. a) pasmo 3; b) skład barwny R3G4B2.

Ekstrakcja Feature próbuje wydobyć najbardziej użyteczne informacje z danych do dalszych badań. Ta faza zmniejsza liczbę zmiennych, które muszą być zbadane, oszczędzając tym samym czas i zasoby. Operacje ulepszeń są przeprowadzane w celu poprawy interpretacji obrazu poprzez zwiększenie pozornego kontrastu pomiędzy różnymi interesującymi cechami, aby ułatwić zadanie ekstrakcji informacji. Powszechnie stosowane techniki poprawy i ekstrakcji cech obejmują korektę kontrastu, reglamentację pasmową, filtrację przestrzenną, fuzję obrazów, liniowy model mieszanki, analizę głównych składników i poprawę kolorów. Ogólnie rzecz biorąc, techniki ulepszania mają charakter empiryczny, ponieważ zależą od właściwości obrazowania danych i ich zastosowania.

Po wstępnym przetworzeniu i udoskonaleniu dane teledetekcyjne są poddawane analizie ilościowej w celu przypisania poszczególnych pikseli do określonych typów lub klas pokrycia terenu. Klasa ta określa rodzaj pokrycia terenu (np. woda, roślinność, gleby). Piksele są identyfikowane na podstawie ich właściwości numerycznych lub atrybutów. Tę fazę można przeprowadzić analizując właściwości poszczególnych pikseli (na piksel) lub grupy pikseli (region). W tym drugim przypadku obraz jest najpierw dzielony na grupy regionów, które mogą być opisane za pomocą zestawu atrybutów (obszar, obwód, tekstura, kolor, informacje statystyczne). Ten zestaw atrybutów jest używany do charakterystyki i identyfikacji każdego obiektu na obrazie. Ta operacja rozpoznawania obiektów na obrazie nazywana jest klasyfikacją obrazu i w jej wyniku powstają mapy tematyczne.

Po dokonaniu klasyfikacji należy ocenić jej dokładność poprzez porównanie klas na mapie tematycznej z obszarami o znanej tożsamości w terenie (mapa referencyjna). Mapa referencyjna tworzona jest na podstawie informacji pozyskanych przez użytkownika w trakcie pracy w terenie. Wartości indeksu wahają się od 0 do 1, a wartości większe niż 0,6 wskazują na dobry wynik ogólny. Postklasyfikacja jest opcjonalnym etapem przetwarzania.

Techniki przetwarzania obrazu

Podstawowe techniki przetwarzania obrazu stosowane w większości zastosowań teledetekcji:

- Rejestracja obrazów
- Image Fusion (fuzja obrazów)
- Segmentacja obrazu
- Klasyfikacja obrazów

Rejestracja obrazów

Rejestracja jest procesem, który sprawia, że piksele w dwóch obrazach dokładnie pokrywają się z tymi samymi punktami na ziemi. Współrzędne (x, y) rejestrowanego obrazu wejściowego są dopasowywane do układu współrzędnych obrazu referencyjnego w taki sposób, że nakładają się na siebie siatki. Rysunek. 4 ilustrują rejestrację dwóch zdjęć Landsat-TM5 wykonanych w różnym czasie.

Rysunek 4 Rejestracja obrazów wieloczasowych: a) obraz wejściowy, b) obraz referencyjny, oraz c) obraz wejściowy jest rejestrowany i nakładany na obraz referencyjny w kompozycji kolorystycznej.

Rejestracja jest klasycznym problemem w kilku aplikacjach do przetwarzania obrazu, gdzie konieczne jest dopasowanie dwóch lub więcej obrazów tej samej sceny. Niektóre z tych aplikacji to: integracja informacji pochodzących z różnych czujników, analiza zmian w obrazach wykonanych w różnym czasie, rozpoznawanie obiektów, analiza ruchu i przewidywanie pogody, proces rejestracji ma fundamentalne znaczenie.

Operacja rejestracji polega zasadniczo na identyfikacji wielu punktów kontrolnych na zdjęciach. Tradycyjne podejście ręczne wykorzystuje pomoc człowieka do identyfikacji punktów kontrolnych. Ponieważ ręczna identyfikacja punktów kontrolnych może być czasochłonna i żmudna, opracowano zautomatyzowane techniki. Ponadto, rosnąca liczba obrazów satelitarnych wzmocniła potrzebę stosowania metod automatycznej rejestracji obrazów.

Ogólne podejście do rejestracji obrazów składa się z czterech następujących kroków:

- Identyfikacja cech: identyfikuje zestaw istotnych cech w parze obrazów, takich jak krawędzie, przecięcia linii, kontury regionów, tekstury regionów itp.

- Dopasowanie cech: ustala zgodność pomiędzy zidentyfikowanymi cechami. Tak więc każdy element na obrazie wejściowym musi być dopasowany do odpowiadającego mu elementu na obrazie referencyjnym. Każdy element jest identyfikowany z lokalizacją pikseli na obrazie. Odpowiednie punkty są zwykle nazywane punktami kontrolnymi (Rysunek 5)

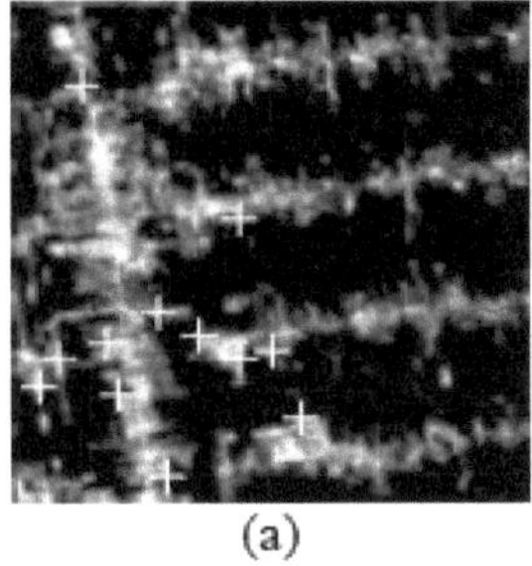

(a)

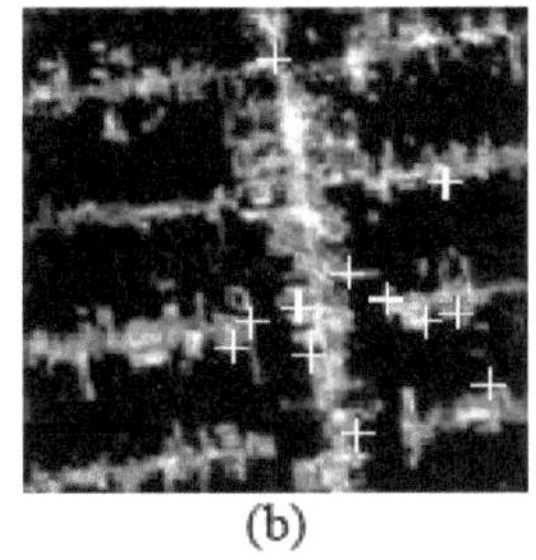

(b)

Rysunek 5 - Rejestracja obrazów regionu Amazonii, Landsat-TM5: (a) i (b) przedstawiają punkty kontrolne (oznaczone krzyżykami) nałożone na obrazy referencyjne (07/06/1992) i wejściowe (15/07/1994).

- Transformacja przestrzenna: określa funkcję mapowania, która odpowiada wszystkim punktom na obrazie, wykorzystując informacje o punktach kontrolnych uzyskane w poprzednim kroku.

- Interpolacja: ponowne próbkowanie obrazu za pomocą funkcji interpolacji w celu doprowadzenia go do wyrównania z obrazem referencyjnym.

Ogólnie rzecz biorąc, metody rejestracji różnią się od siebie w tym sensie, że mogą łączyć różne techniki identyfikacji cech, dopasowywania cech i funkcji interpolacji. Najtrudniejszym etapem w rejestracji obrazu jest uzyskanie zgodności między tymi dwoma zestawami cech. Zadanie to ma kluczowe znaczenie dla dokładności rejestracji obrazu i wiele wysiłku włożono w rozwój efektywnych technik dopasowywania cech. Biorąc pod uwagę dopasowania, zadanie obliczenia odpowiednich funkcji mapowania nie wiąże się z dużymi trudnościami. Proces interpolacji jest również dość standardowy.

- Image Fusion (fuzja obrazów)

Image Fusion (fuzja obrazów)

W zastosowaniach teledetekcyjnych rosnąca dostępność obrazów cyfrowych w różnych rozdzielczościach przestrzennych i pasmach spektralnych stanowi silną motywację do łączenia obrazów z informacjami uzupełniającymi w celu uzyskania produktów hybrydowych o wyższej jakości.

Ze względu na fizyczne ograniczenie kompromisu pomiędzy rozdzielczością przestrzenną i spektralną w obrazie teledetekcyjnym, pożądane jest przestrzenne wzmocnienie danych wielospektralnych o niskiej rozdzielczości (MS). Obraz wielospektralny może wykazywać ograniczoną rozdzielczość przestrzenną, która mimo dobrej rozdzielczości spektralnej może być nieodpowiednia do konkretnych zadań identyfikacyjnych. Z drugiej strony, pasmo panchromatyczne (Pan) o wyższej rozdzielczości przestrzennej może być połączone z pasmami MS w celu poprawy rozdzielczości przestrzennej obrazu MS.

W tym kontekście proces syntezy łączy w sobie szczegóły przestrzenne panchromatycznego obrazu o wysokiej rozdzielczości oraz informacje kolorystyczne obrazu wielospektralnego o niskiej rozdzielczości w celu uzyskania obrazu MS o wysokiej rozdzielczości (produkt hybrydowy). Produkt hybrydowy powinien oferować najwyższą możliwą zawartość informacji przestrzennej, zachowując jednocześnie dobrą jakość informacji widmowej.

Opracowano wiele metod fuzji, takich jak: analiza głównych składników (PCA), transformacja falkowa, operacje arytmetyczne, model kolorów IHS (intensywność, odcień, nasycenie).

Metody oparte na transformacji IHS są prawdopodobnie najbardziej popularnymi podejściami stosowanymi w celu zwiększenia rozdzielczości przestrzennej obrazów wielospektralnych z obrazami panchromatycznymi. Typowe kroki związane z tym podejściem są następujące:

- Zarejestruj wielospektralne obrazy o niskiej rozdzielczości do tego samego rozmiaru co obraz panchromatyczny

- Przekształcanie pasm R, G i B obrazu wielospektralnego na komponenty IHS

- Zmodyfikuj obraz panchromatyczny w odniesieniu do obrazu wielospektralnego. Zazwyczaj dokonuje się tego poprzez dopasowanie histogramu obrazu panchromatycznego do składnika Intensywność obrazów wielospektralnych jako odniesienie.

- Zastąpić składnik natężenia przez obraz panchromatyczny i wykonać transformację odwrotną w celu uzyskania obrazu wiclospcktralncgo o wysokicj rozdziclczości.

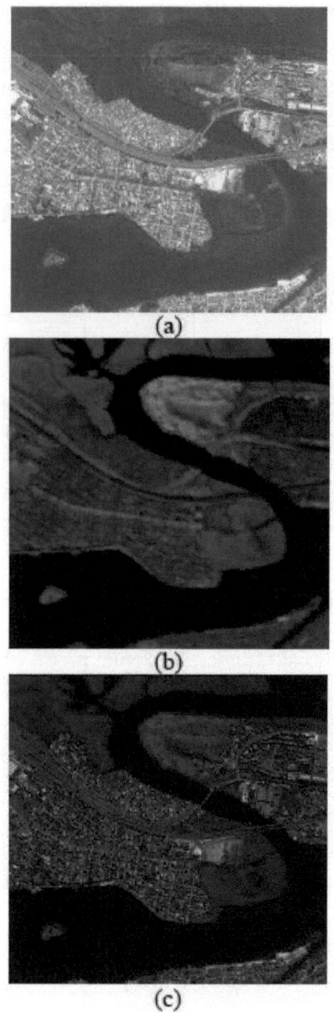

Rysunek 6. Łączenie obrazów SPOT. a) obraz panchromatyczny, b) wielospektralny

obraz R3G2B1, oraz (c) obraz stopiony otrzymany metodą syntezy IHS.

Segmentacja obrazu

Segmentacja obrazu jest podstawowym zadaniem w analizie obrazu, gdzie obraz jest podzielony na znaczące obszary, których punkty mają prawie takie same właściwości, np. poziomy szarości, wartości średnie lub właściwości teksturowe.

Proces segmentacji jest jednym z pierwszych kroków w analizie obrazu teledetekcyjnego: obraz jest dzielony na regiony, które najlepiej reprezentują odpowiednie obiekty w scenie. Atrybuty regionów mogą zostać wyodrębnione i wykorzystane do dalszej analizy danych. W przypadku analizy obiektowej na jakość klasyfikacji ma bezpośredni wpływ jakość segmentacji.

Metody segmentacji opierają się zasadniczo na dwóch podejściach: (1) podzieleniu obrazu na kilka jednorodnych regionów, z których każdy posiada unikalną etykietę, (2) określeniu granic pomiędzy jednorodnymi regionami o różnych właściwościach. Techniki te znane są odpowiednio pod nazwą "region growing" i "edge detection". Hybrydowe metody segmentacji są uzyskiwane, gdy obie strategie są łączone w celu uzyskania efektu końcowego. Metody oparte na podejściu do wzrostu regionalnego zawsze zapewniają zamknięte regiony konturów, co jest bardzo proste i skuteczne w wielu zastosowaniach teledetekcji.

Ogólnie rzecz biorąc, na wyniki segmentacji duży wpływ ma subiektywność, ponieważ użytkownik wybiera parametry segmentacji metodą prób i błędów. W ten sposób integracja instrumentów do oceny jakości segmentacji jest bardzo pożądana. Ponadto, w celu poprawy jakości segmentacji należy dążyć do wykorzystania innych atrybutów, takich jak informacje o teksturze do segmentacji oraz kombinacji opartych na regionach z algorytmami ekstrakcji cech, segmentacji zorientowanej na krawędzie lub opartej na modelu.

Rysunek 7 - Kontury obiektów miejskich nałożone na obraz uzyskany za pomocą algorytmu powiększania regionów i algorytmu re-segmentacji.

Klasyfikacja obrazów

Klasyfikacja obrazów jest procesem stosowanym do tworzenia map tematycznych z obrazów teledetekcyjnych. Mapa tematyczna przedstawia obiekty powierzchni ziemi (glebę, roślinność, dach, drogę, budynki), a jej konstrukcja oznacza, że wybrane do mapy tematy lub kategorie są rozpoznawalne na obrazie. Wiele czynników może utrudniać to zadanie, w tym topografia, cieniowanie, efekt atmosferyczny, podobna sygnatura spektralna i inne. Aby ułatwić rozróżnienie klas, regiony uzyskane w procesie segmentacji są opisywane za pomocą atrybutów (spektralnych, geometrycznych, teksturowych), które próbują opisać interesujące nas obiekty na obrazie.

Najczęściej stosowane metody klasyfikacji są nadzorowane i obejmują następujące etapy:

- Ekstrakcja cech charakterystycznych
- Szkolenie
- Procesy etykietowania.

Pierwszy krok polega na przekształceniu obrazu wielospektralnego w obraz obiektu w celu zmniejszenia wymiarowości danych i poprawy ich interpretacji. Ta faza przetwarzania jest opcjonalna i obejmuje takie techniki, jak transformacja HIS, analiza głównych elementów, liniowy model mieszanki oraz proporcje wielospektralne.

W fazie treningu, na obrazku wybierany jest zestaw próbek treningowych charakteryzujących poszczególne zajęcia. Próbki treningowe szkolą klasyfikatora do rozpoznawania klas i są wykorzystywane do określenia "reguł", które pozwalają na przypisanie etykiety klasy do każdego piksela na obrazku. Proces klasyfikowania polega na przypisaniu etykiety do każdego piksela lub regionu. Metody klasyfikacji, przedstawione w. Rysunek. 8 pokazano przykład mapy tematycznej wygenerowanej z obrazu wielospektralnego czujnika TM na pokładzie satelity Landsat-5.

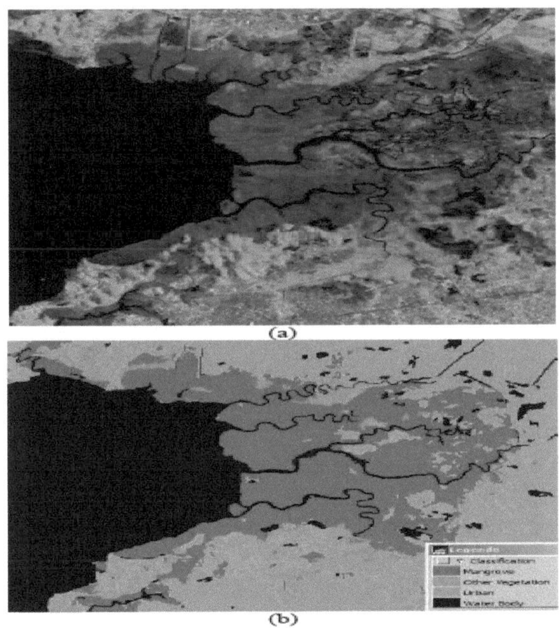

Rysunek 8 - Mapa tematyczna uzyskana z obrazu Landsat-5 TM: a) Skład R3G4B5 z gminy São Gonçalo, RJ, Brazylia, b) Klasyfikacja bez nadzoru na podstawie odległości Mahalanobis).

Podsumowanie

Cyfrowe przetwarzanie obrazów odgrywa istotną rolę w analizie i interpretacji danych teledetekcyjnych. Zwłaszcza dane uzyskane z teledetekcji satelitarnej, która ma postać cyfrową, mogą być najlepiej wykorzystane przy pomocy cyfrowego przetwarzania obrazu. Ulepszanie obrazu i ekstrakcja informacji są dwoma ważnymi elementami przetwarzania obrazu cyfrowego. Techniki ulepszania obrazu pomagają poprawić widoczność dowolnej części lub funkcji obrazu, eliminując informacje w innych częściach lub funkcjach.

Referencje

- Gonzalez, R.C., Woods, R.E. Digital Image Processing. Prentice Hall, 2007, s. 976.

- Lillesand, T.M., Kiefer, R.W., Chipman, J.W. Remote Sensing and Image Interpretation. New York, Wiley, 2007, s. 768.

- Fonseca, L. M. G., Fedorov, D., Manjunath, B. S., Kenney, C., Castejon, E., Medeiros, J. S. Automatic Registration and Mosaicking System for Remotely Sensed Imagery. RBC. Revista Brasileira de Computação. , v.58, s. 49-61, 2006.

- Matka, P.M. Computer Processing of Remote-Sensed Images: Wprowadzenie. Nowy Jork, Wiley, 2004, s. 442. 3 ed.

- Cole-rhodes, a.a.; Johnson, k.l.; Le Moigne, j; Zavorin, i. Wielorozdzielcza rejestracja obrazów teledetekcyjnych poprzez optymalizację wzajemnych informacji za pomocą gradientu stochastycznego. IEEE Transactions on Image Processing, v. 12, n. 12, s. 1495-1511, Dec. 2003.

- Fedorov D., Fonseca L.M.G., Kenney C., Manjunath B.S., Automatic Registration and Mosaicking System for Remotely Sensed Imagery."9th International Symposium on Remote Sensing, 22-27 September 2002, Crete, Greece.

Rozdział 6 RIG do teledetekcji

Wprowadzenie

Teledetekcja i techniki GIS odgrywają aktywną rolę w rozwiązywaniu wielu ludzkich i naturalnych problemów. Teledetekcja dostarcza nam ciągłego i stałego źródła informacji o Ziemi, a systemy informacji geograficznej (GIS) są metodologią obsługi wszystkich tych danych geograficznych. Połączenie tych dwóch dyscyplin pozwoliło nam na przeprowadzenie zakrojonych na szeroką skalę analiz powierzchni Ziemi, a jednocześnie dostarcza coraz bardziej szczegółowej wiedzy na temat wielu zmiennych planetarnych i poprawia nasze zrozumienie jej funkcjonowania. Analizy te są niezbędne do podejmowania decyzji w zakresie zrównoważonego zarządzania zasobami naturalnymi, projektowania sieci obszarów chronionych i reagowania na zagrożenia związane z globalnymi zmianami.

Systemy informacji geograficznej (GIS), teledetekcja i mapowanie mają do odegrania rolę we wszystkich geograficznych i przestrzennych aspektach rozwoju akwakultury morskicj i zarządzania nią. Czujniki satclitarnc, powictrznc, naziemne i podwodne gromadzą wiele związanych z nimi danych, w szczególności dane dotyczące temperatury, prędkości prądu, wysokości fal, stężenia chlorofilu oraz wykorzystania gruntów i wód. GIS jest wykorzystywany do manipulacji i analizy danych przestrzennych oraz do atrybutowania danych ze wszystkich źródeł. Używany jest również do tworzenia raportów w formacie map, baz danych i tekstu, aby ułatwić podejmowanie decyzji.

Koncepcja GIS

System informacji geograficznej (GIS) to system przeznaczony do przechwytywania, przechowywania, manipulowania, analizowania, zarządzania i prezentowania wszystkich rodzajów danych geograficznych. GIS może być wykorzystywany zarówno jako narzędzie w procesie rozwiązywania problemów i podejmowania decyzji, jak i do wizualizacji danych w środowisku przestrzennym.

GIS pozwala na tworzenie, prowadzenie i wyszukiwanie elektronicznych baz danych informacji normalnie wyświetlanych na mapach. Bazy te są zorientowane przestrzennie, podstawowym elementem integrującym jest ich położenie na powierzchni ziemi.

Funkcje RIG

Funkcja GIS jest wyjaśniona w kolejnych krokach:

Wprowadzanie danych

Zarówno dane przestrzenne, jak i atrybuty są wprowadzane do systemu komputerowego przez różne urządzenia wejściowe, takie jak skaner, digitalizator, klawiatura, mysz itp. Skaner, digitalizator, mysz są używane do wprowadzania danych przestrzennych. Dane dotyczące atrybutów dostępne w postaci raportów, tabel itp. są wprowadzane za pośrednictwem tablicy rozdzielczej. Ponieważ dane są pobierane z różnych źródeł, mają one różne skale, rzuty, system odniesień itp. W związku z tym istnieje potrzeba ujednolicenia bazy danych do wspólnego standardu. Oprogramowanie GIS umożliwia tę operację metodą "geoeferencingu" lub "gumowej blachy". Oznacza to rozciąganie map w różnych kierunkach tak, aby dopasować je do znanych współrzędnych.

Przechowywanie danych

Różne jednostki przestrzenne, które reprezentują różne cechy świata rzeczywistego, mogą być przechowywane w komputerze w dwóch różnych formatach - w formacie rastrowym i wektorowym. Znajomość tych formatów, w których przechowywane są dane przestrzenne, jest wymagana dla decydentów, ponieważ wpływa na dokładność danych, ich analizę, pojemność pamięci komputera itp.

W formacie rastrowym cały obszar badawczy podzielony jest na regularne komórki w siatce lub kwadraty zorganizowane w rzędy i kolumny. Poszczególne komórki służą do przechowywania encji punktów, linii i powierzchni. Dane punktowe są przechowywane w poszczególnych komórkach. Dane dotyczące linii są przechowywane poprzez łączenie komórek w linie. Jednostki powierzchni przechowywane są poprzez grupowanie komórek w wielokąty.

Rysunek 1 pokazuje, jak różne cechy są reprezentowane przez trzy różne typy encji i przechowywane w formacie rastrowym. Rozmiar komórki siatki jest bardzo ważny, ponieważ wpływa na dokładność cech przestrzennych. Rysunek 2 pokazuje, jak przestrzenny charakter sieci drogowej w świecie rzeczywistym zmienia się wraz ze zmianą wielkości komórki w formacie rastrowym.

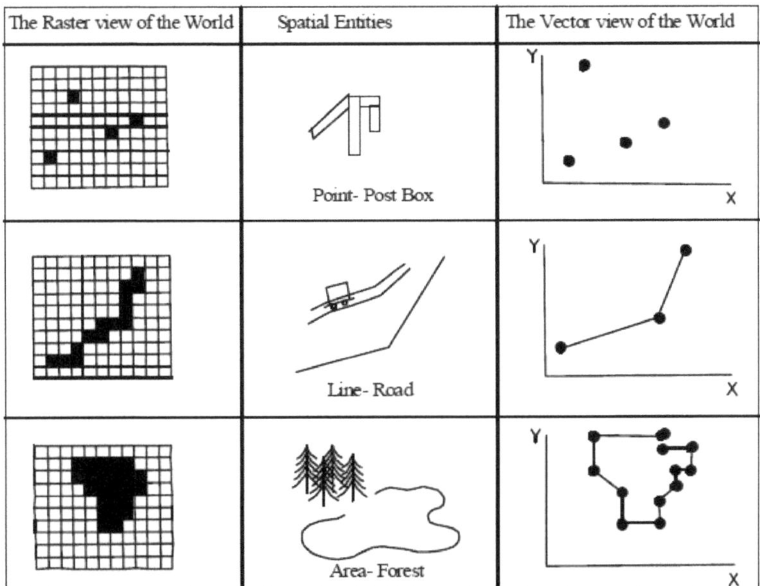

Rysunek.1 : Format rastrowy i wektorowy danych przestrzennych

W formacie wektorowym, punkty, linie i encje obszaru są przechowywane za pomocą układu współrzędnych. Punkt jest zapisywany za pomocą pojedynczej (x, y) pary współrzędnych (Rys. 1).

Jednostka liniowa jest przechowywana poprzez połączenie szeregu punktów w łańcuchy. Podobnie, antena jest przechowywana poprzez połączenie szeregu punktów w wielokąty. Liczba punktów użytych do pokazania cech przestrzennych jest ważna w formacie wektorowym, ponieważ wpływa na dokładność cech przestrzennych. Rysunek 2 pokazuje, jak zmienia się przestrzenny charakter sieci dróg świata rzeczywistego, gdy zmienia się liczba punktów w formacie wektorowym. Format rastrowy i wektorowy mają swoje wady i zalety. Dane rastrowe nadają się do wykorzystania z danymi teledetekcyjnymi, ponieważ cyfrowe dane teledetekcyjne są już prezentowane w formacie rastrowym. W porównaniu z GIS-em rastrowym, niektóre z operacji wektorowego GIS-u są dokładniejsze.

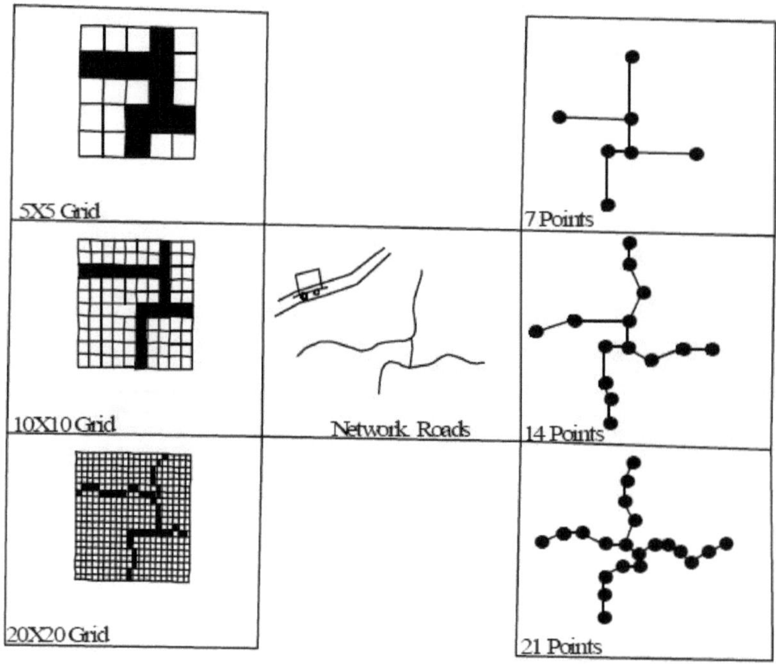

Rys.2: Wpływ zmiany rozdzielczości w formacie wektorowym i rastrowym

Analiza danych

Różne typy analizy danych przestrzennych mogą być wykonywane przez GIS, tj. wykonywanie zapytań, analiza bliskości, analiza sieci, operacje nakładania, budowanie modeli itp. Ponieważ GIS przechowuje zarówno dane przestrzenne, jak i nieprzestrzenne i łączy je ze sobą, może wykonywać różne typy zapytań.

Analiza bliskości

Analiza bliskości może być przeprowadzona poprzez buforowanie, tzn. określenie strefy zainteresowania wokół punktu, linii lub wielokąta. Na przykład, 10 m wokół studni rurowej może być oznaczone do sadzenia roślin kwiatowych; lub 50 m wzdłuż dróg krajowych (po obu stronach) może być buforowane do sadzenia drzew. Określona odległość wokół lasu może być buforowana jako strefa bez strefy zamieszkania.

Analiza sieci

Kolejną ważną analizą przeprowadzaną za pośrednictwem GIS jest analiza sieci.

Operacja nakładania

Operacja nakładania może być wykonywana za pośrednictwem GIS poprzez nakładanie / integrowanie wielu map tematycznych. Operacja overlay pozwala na stworzenie nowej warstwy danych przestrzennych poprzez integrację danych z różnych warstw.

Wzorcowy budynek

Możliwość budowania modeli GIS jest bardzo pomocna dla decydentów. Zwykle określa się ją jako analizę "co by było, gdyby".

Wymagania dotyczące działania RIG

GIS zajmuje się głównie danymi geograficznymi, które mają być analizowane, manipulowane i zarządzane w zorganizowany sposób przez komputery w celu rozwiązywania rzeczywistych problemów. Tak więc, działanie GIS wymaga dwóch rzeczy: systemu komputerowego i danych geograficznych.

System komputerowy

Obejmuje on zarówno sprzęt, jak i oprogramowanie. GIS działa poprzez system komputerowy, od przenośnych komputerów osobistych (PC) po superkomputery wieloużytkownikowe, które są programowane przez wiele różnych języków oprogramowania. We wszystkich zakresach, istnieje wiele rzeczy, które są niezbędne do efektywnego działania GIS. Należą do nich

- Procesor o mocy wystarczającej do uruchomienia oprogramowania
- Wystarczająca ilość pamięci do przechowywania dużych ilości danych
- Dobrej jakości, kolorowy ekran graficzny o wysokiej rozdzielczości oraz
- Urządzenia do wprowadzania i wyprowadzania danych (np. digitalizatory, skanery, klawiatura, drukarki i plotery).

Istnieje szeroka gama pakietów oprogramowania do analizy GIS, każdy z nich ma swoje zalety i wady. Nawet te listy są zbyt długie, aby je tu wymieniać, ważne są różne wersje ARC View, ARC Info, Map Info., ARC GIS, Auto Cad Map itd.

Dane dla RIG

GIS bez danych jest jak samochód bez paliwa. Bez paliwa samochód nie może się poruszać, podobnie jak bez danych system GIS nic nie da. Dane do GIS można uzyskać z różnych źródeł, takich jak zdjęcia lotnicze, zdjęcia satelitarne, dane cyfrowe, mapy konwencjonalne, spis powszechny, dział meteorologiczny, dane terenowe (ankiety/GPS) itp. Dane te, uzyskane z różnych źródeł, można podzielić na dwa rodzaje - dane przestrzenne opisujące lokalizację oraz dane dotyczące atrybutów, które określają cechy w danej lokalizacji. Dane przestrzenne mówią nam: "Gdzie jest ten obiekt?". Dane atrybutów mówią nam "Co to za obiekt?" lub "Ile to jest obiekt?". Innymi słowy, mówi o cechach w tym miejscu.

Dane przestrzenne

Dane przestrzenne lub cechy świata rzeczywistego są bardzo złożone. Tak więc, dane przestrzenne są uproszczone przed wprowadzeniem ich do komputera. Wspólnym sposobem na to jest podział wszystkich cech geograficznych na trzy podstawowe typy encji - punkty, linie i obszary. Punkty są obiektami "jednowymiarowymi", używanymi do reprezentowania cech, które są bardzo małe, np. skrzynka pocztowa, słup elektryczny, studnia lub studnia rurowa itp. Dla tych obiektów można podać tylko wartości równoleżnikowe i wzdłużne lub odniesienie do współrzędnych, aby wyjaśnić ich położenie. Linie są obiektami dwuwymiarowymi i są używane do reprezentowania cech liniowych, na przykład dróg i rzek. Linie są również wykorzystywane do reprezentowania cech liniowych, które nie istnieją w rzeczywistości, takich jak granice administracyjne i granice międzynarodowe. Obszary są obiektami trójwymiarowymi i są reprezentowane przez zamknięty zbiór linii i są wykorzystywane do definiowania cech takich jak pola rolne, obszary leśne, obszary administracyjne itp. Jednostki powierzchni są często określane jako wielokąty.

Przedstawienie cech świata rzeczywistego za pomocą typów bytów punktów, linii i obszarów wydaje się stosunkowo proste. Jednakże, odpowiednia encja do reprezentowania cech świata rzeczywistego jest często trudna i zależy od skali mapy. Na mapie świata miasta są reprezentowane przez punkty. Daje to tylko informacje o liczbie miast pokazanych na mapie świata. W skali krajowej lub regionalnej, "punktowa" jednostka do reprezentowania miast jest uważana za zbyt prostą, ponieważ nie mówi nam nic o rzeczywistej wielkości miasta. W tym przypadku miasta są reprezentowane przez jednostkę "obszarową". W skali lokalnej, jednostka "obszar" reprezentująca miasta byłaby uważana za zbyt prostą. W tym przypadku miasta są reprezentowane przez mieszaninę "punktu", "linii" i "obszarów" jako encji. Punkty mogą być wykorzystane do reprezentowania takich cech, jak słupy elektryczne, skrzynki pocztowe itp. Podobnie linie i obszary mogą być wykorzystane do reprezentowania odpowiednio sieci dróg i bloków mieszkalnych. Decydenci decydują więc o "jednostkach", za pomocą których reprezentowane będą różne cechy świata rzeczywistego.

Dane dotyczące atrybutu

Jak już wspomniano wcześniej, dane dotyczące atrybutów mówią o cechach różnych obiektów / właściwości na powierzchni ziemi. Są to opisy, pomiary lub klasyfikacja cech geograficznych. Dane dotyczące atrybutów mogą mieć zarówno charakter jakościowy (np. rodzaj użytkowania gruntów, rodzaj gleby, nazwa miasta/rzeki itp.), jak i ilościowy (np. wysokość, temperatura, ciśnienie w danym miejscu, wydajność upraw z akrów itp.).) oraz ilościowe (np. wysokość, temperatura, ciśnienie w danym miejscu, wydajność upraw na hektar itd.

Różnica między GIS a teledetekcją

System informacji geograficznej (GIS) jest komputerowym narzędziem do mapowania i analizowania cech i zdarzeń na ziemi. Technologia GIS integruje wspólne operacje bazodanowe, takie jak zapytania i analizy statystyczne, z mapami. Z drugiej strony, teledetekcja jest nauką o zbieraniu danych dotyczących obiektu lub zjawiska bez fizycznego kontaktu z obiektem. Poniżej przedstawiono niektóre z różnic pomiędzy teledetekcją a GIS.

Teledetekcja:

- Jest to technika geodezyjna i zbierania danych: Teledetekcja jest techniką służącą do badania i gromadzenia danych dotyczących obiektu lub zjawiska bez fizycznego kontaktu z obiektem lub obserwowanym zjawiskiem.

- Może on pobierać duże ilości danych: Technologia teledetekcji jest przeznaczona do zbierania i odzyskiwania dużych ilości danych dotyczących obiektu lub zjawiska. Dane te mogą dotyczyć różnych aspektów danego obiektu, w tym jego położenia na powierzchni ziemi.

▪ Znacznie ogranicza to ręczną pracę w terenie: Technologia teledetekcji opiera się na instrumentach technicznych, które gromadzą dane na dużych powierzchniach, co ogranicza prace ręczne, które w przeciwnym razie wymagałyby wielu osób.

▪ Pozwala to na wyszukiwanie danych w regionach trudno dostępnych lub niemożliwych do uzyskania: Teledetekcja może pozwolić na pobieranie danych w miejscach, do których ludzie nie mają dostępu, takich jak góry wulkaniczne, głębiny oceanów i kilka innych miejsc.

▪ Pozwala to na zebranie większej ilości danych w krótkim czasie: Technologia teledetekcji jest wykorzystywana do gromadzenia dużych ilości danych na dużym obszarze w stosunkowo krótkim czasie. Zebrane dane mogą być wykorzystane do analizy różnych aspektów analizowanego obiektu lub obszaru.

▪ Stosowane głównie w gromadzeniu danych: Technologia teledetekcji jest najczęściej używana do zbierania danych, które następnie mogą być analizowane w celu uzyskania informacji na temat obiektu lub zjawiska na powierzchni ziemi.

▪ Ma bardziej skomplikowany interfejs użytkownika: Technologia teledetekcji ma bardziej skomplikowany interfejs użytkownika niż system GIS, ponieważ jest używana głównie jako narzędzie do zbierania danych. Wymaga zatem bardziej wykwalifikowanego personelu do interpretacji interfejsu.

▪ Obejmuje on ograniczony obszar badań w danym czasie: Technologia teledetekcji może być stosowana do zbierania danych na danym obszarze na powierzchni ziemi, ale zebrane dane ograniczałyby się do konkretnego badanego obszaru.

▪ Mniej wytrzymałe: Technologia teledetekcji jest znacznie mniej wytrzymała niż system GIS ze względu na ograniczoną zdolność do interpretacji danych, a także bardziej podatna na uszkodzenia.

▪ Mniej idealna do przekazywania informacji między działami: Technika teledetekcji nie jest idealna do wykorzystania jako narzędzie do przekazywania informacji pomiędzy różnymi działami, ponieważ nie jest przeznaczona do dostarczania tego rodzaju informacji.

GIS:

- Jest to system komputerowy składający się ze sprzętu i oprogramowania: System GIS to system komputerowy składający się z oprogramowania służącego do analizy zebranych danych oraz sprzętu, w którym oprogramowanie to będzie działać.

- Może poradzić sobie z większą ilością danych: System GIS jest przeznaczony do przyjmowania i analizowania dużych ilości danych w dowolnym momencie ze względu na dużą pojemność oprogramowania i rozbudowany system kadrowy wykorzystywany do analizy danych.

- Może obejmować duże powierzchnie badawcze: System GIS jest zaprojektowany tak, aby pokryć rozbudowany obszar badań ze względu na jego zwiększoną zdolność do jednoczesnej analizy ogromnych i złożonych informacji.

- Może poradzić sobie z nieograniczoną i częstą edycją danych: System GIS jest solidnym systemem, który może być używany do analizy ogromnych ilości danych, a także może pozwolić na nieograniczoną edycję i zmianę danych bez ryzyka ich zawalenia.

- Bardziej wytrzymały i odporny na uszkodzenia: System GIS został zaprojektowany tak, aby był bardziej wytrzymały pod względem funkcjonalności i mniej podatny na uszkodzenia ze względu na swoją kompaktową budowę.

- Szybciej i efektywniej: System GIS jest bardziej wydajny pod względem przetwarzania danych ze względu na rozbudowane elementy systemu wykorzystywane do ich analizy.

- To wymaga mniej osób, czasu i pieniędzy: System GIS jest samowystarczalny i może być wykorzystywany do analizy dużych zbiorów danych przy znacznie mniejszym nakładzie czasu, pieniędzy i zasobów. Jedna osoba może analizować ogromne ilości danych, aby uzyskać bardziej złożone informacje.

- Najczęściej używany do analizy danych: System GIS jest najczęściej używany do analizy złożonych danych i interpretacji ogromnych zbiorów danych na bardziej znaczące informacje, które mogą być pomocne przy podejmowaniu decyzji.

- Posiada bardziej uproszczony interfejs użytkownika: System GIS jest używany przez użytkowników końcowych, którzy widzą bardziej uproszczony interfejs użytkownika, który pozwala każdemu nauczyć się interpretować tony danych w systemie.

- Jest idealnym narzędziem do komunikacji pomiędzy różnymi działami: System GIS jest łatwy w użyciu, co czyni go idealnym narzędziem do komunikacji pomiędzy różnymi działami, ponieważ interfejs jest łatwy do zrozumienia.

Znaczenie RIG w środowisku naturalnym

GIS ma ważne zastosowania w różnych dziedzinach, w tym:

- Zarządzanie katastrofami
- Podział na strefy zagrożenia osuwiskami
- Określanie pokrycia terenu i użytkowania gruntów
- Oszacowanie szkód powodziowych
- Identyfikacja zagrożenia wulkanicznego
- Mapowanie terenów podmokłych (Wetland Mapping)
- Zarządzanie zasobami naturalnymi
- Analiza oddziaływania na środowisko

Teledetekcja i GIS jako narzędzia w modelowaniu środowiskowym

Zaletą teledetekcji jest możliwość natychmiastowego uchwycenia i nagrania szczegółów terenu. Rozdzielczość przestrzenna i pokrycie lotnicze pozwalają na oglądanie powierzchni terenu, a dane pochodzące z obrazów teledetekcyjnych mogą być przechowywane i analizowane za pomocą oprogramowania GIS (Mironga, 2004).

GIS jest szeroko stosowanym narzędziem do digitalizacji danych teledetekcyjnych lub kartograficznych uzupełnionych o różne dane dotyczące prawdy gruntowej, które są geokodowane za pomocą globalnego systemu pozycjonowania (GPS). GPS to satelitarny i naziemny system radionawigacji, który umożliwia użytkownikowi określenie dokładnej lokalizacji na powierzchni ziemi. Dlatego też teledetekcja i GPS przyczyniły się do pojawienia się bardziej precyzyjnych i geograficznie powiązanych danych w celu lepszej oceny i analizy (Milla i in., 2005; Codjoe, 2007).

GIS może być używany do analizy charakterystyki przestrzennej danych na różnych warstwach cyfrowych. Jeżeli dostępne są dane sekwencyjne, ilościowe określenie zmian przestrzennych staje się możliwe dzięki analizie nakładek. GIS jest rozwijającą się technologią informacyjną służącą do tworzenia baz danych zawierających informacje przestrzenne, które mogą być stosowane zarówno w odniesieniu do osiedli ludzkich, takich jak bazy danych demograficznych, jak i do środowiska naturalnego, takiego jak rozmieszczenie populacji i czynniki środowiskowe, które można wykorzystać przy podejmowaniu decyzji dotyczących zrównoważonego zarządzania przyrodą i zasobami naturalnymi (Dahdouh-Guebas, 2002).

Dane teledetekcyjne dostarczają informacji na temat zasięgu i lokalizacji dostępnych terenów oraz ich rozmieszczenia przestrzennego dla realizacji różnych problemów. W czasach współczesnych, dzięki postępowi w dziedzinie spektroskopii obrazowej (Roy, 1993; Schaepman, 2005), znacznie wzrosły powiązania pomiędzy teledetekcją a ekologią.

Z geograficznego punktu widzenia, GIS jest związany z potężną bazą odniesienia lub lokalizacjami geograficznymi, w tym mapami naturalnej roślinności, gleby, topografii, hydrologii, migracji ptaków i rozmieszczenia innych gatunków fauny. Zlokalizowanie różnych cech związanych z ich właściwościami może umożliwić łączenie, porównywanie i analizowanie różnych danych w jednej bazie danych w celu stworzenia nowych relacji między cechami środowiskowymi a różnymi gatunkami fauny i flory. GIS jest zatem skutecznym i potężnym narzędziem do przekazywania różnorodnych informacji w jak najkrótszym czasie (Salem, 2003).

Podsumowanie

Teledetekcja i GIS są ze sobą zintegrowane. Rozwój teledetekcji nie ma sensu bez rozwoju RIG i na odwrót. Teledetekcja ma zdolność dostarczania dużej ilości danych na temat całej Ziemi, a także bardzo często. GIS ma możliwość analizowania dużej ilości danych w krótkim czasie.

Referencje

▪ Codjoe, S. N. A. (2007). Integracja teledetekcji, GIS, spisu powszechnego i danych społeczno-gospodarczych w badaniu populacji - użytkowanie gruntów/pokrycie Nexus w Ghanie: Aktualizacja literatury. Afryka. Developmt. 32: 197–212.

▪ Milla, K. A., Lorenzo, A. i Brown, C. (2005). GIS, GPS i technologie teledetekcji w usługach rozszerzania sieci: Od czego zacząć, co wiedzieć. J. Extension 43: 34-37.

▪ Schaepman, M. E. (2005). Imaging Spectroscopy in Ecology and the Carbon Cycle: Kieruje się w stronę nowych granic. Proceedings of 4th EARSeL Workshop on Imaging Spectroscopy. EARSeL i Uniwersytet Warszawski, Warszawa.

▪ Mironga, J. M. (2004). GIS i teledetekcja w zarządzaniu płytkimi jeziorami tropikalnymi. Appl. Ecol. Środowisko. Res. 2: 83-103.

▪ Salem, B. B. (2003). Zastosowanie GIS do monitorowania bioróżnorodności. J. Arid Environ. 54: 91– 114.

▪ Dahdouh-Guebas, F. (2002). The use of remote sensing and GIS in the sustainable management of tropical coastal ecosystems. Środowisko naturalne. Rozwój. Zrównoważony rozwój. 4: 93–112.

▪ Hay SI, Randolph S, Rogers DJ. Systemy teledetekcji i informacji geograficznej w epidemiologii. Londyn: Prasa akademicka; 2000.

▪ Brooker S, Michael E. Potencjał systemów informacji geograficznej i teledetekcji w epidemiologii i kontroli zakażeń helminetami ludzkimi. Postępy w parazytologii 2000; 47:245-88.

Rozdział 7 Aplikacje polaryzacyjne w teledetekcji

Wprowadzenie

Polaryzacja jest czterema głównymi fizycznymi cechami zdalnego wykrywania fal elektromagnetycznych o natężeniu, częstotliwości i fazie światła. Polaryzacja jest ważną częścią odbijanej informacji o powierzchni i układzie atmosferycznym. Jest ona ważna dla inwersji informacji powierzchniowych i atmosferycznych w dziedzinie teledetekcji.

Koncepcja polaryzacji

Polaryzacja jest zjawiskiem, w którym fale światła lub innego promieniowania są ograniczone w kierunku wibracji; Polaryzacja jest właściwością fal, która opisuje orientację ich oscylacji.

Efekt polaryzacji

Konwencjonalna teledetekcja może uzyskać dobry obraz tylko w przypadku umiarkowanej 1/3 światła, a reszta jest zbyt jasna (np. burze słoneczne, obiekty gwiezdne lub flary wodne), a zbyt ciemna (np. poważne klęski żywiołowe lub zdalne wykrywanie planet przy bardzo słabym oświetleniu) jest trudna do uzyskania, co stało się zaawansowanymi badaniami przestrzeni kosmicznej i powierzchniowymi katastrofami geologicznymi, takimi jak obserwacja wąskich gardeł za pomocą teledetekcji. Polaryzacja w oparciu o obserwowane właściwości fizyczne i chemiczne różnych właściwości fizycznych i chemicznych o silnym kontraście, czyli silne światło "osłabione", słabe światło "wzmocniony" mechanizm fizyczny, aby rozwiązać ten problem, aby zapewnić nowe możliwości.

Zakładając, że promieniowanie padające jest promieniowaniem jednostkowym, promieniowanie to będzie miało wielokrotny rozrzut między powierzchnią, powierzchnią i obydwoma tymi elementami, a końcowe promieniowanie uzyskane przez czujnik jest sumą tych trzech. Ogólnie rzecz biorąc, promieniowanie padające na powierzchnię lub bezpośrednio rozproszone z powrotem do atmosfery lub pochłonięte, lub do powierzchni wewnętrznej. Do powierzchni promieniowania wewnątrz powierzchni wraz z materiałem, np. wilgoć i inne efekty biochemiczne, będą częścią rozpraszania, częścią pochłaniania. Jednakże, w przeciwieństwie do rozpraszania powierzchniowego, ta część rozpraszania jest związana z zawartością materiału wewnątrz powierzchni, a jego modulacja promieniowania jest odbijana w odbiciu, które nie jest spolaryzowane.

Prawdopodobieństwo rozproszenia jest następujące: prawdopodobieństwo, że powierzchnia jest bezpośrednio odbita jest prawdopodobieństwem rozproszenia się w górę wewnątrz powierzchni, a prawdopodobieństwo rozproszenia w dół jest następujące.

Spójność i inkoherencja

Promieniowanie koherentne pochodzi z pojedynczego oscylatora lub grupy oscylatorów w doskonałej synchronizacji (faza zablokowana) np. kuchenki mikrofalowe, radary, lasery, wieże radiowe (tj. sztuczne źródła).

Promieniowanie niespójne pochodzi z niezależnych oscylatorów, które nie są zablokowane fazami. Naturalne promieniowanie jest niespójne.

Klasyfikacja polaryzacji

Linear

- Samolotowa fala elektromagnetyczna - spolaryzowana liniowo
- Ślad wektora pola elektrycznego jest liniowy
- Nazywany również światłem spolaryzowanym płaszczyznowo
- Konwencja ma odnosić się do wektora pola elektrycznego
- Radary meteorologiczne zwykle transmitują liniowo spolaryzowane promieniowanie

Okólnik

- Dwie prostopadłe fale elektromagnetyczne o równej amplitudzie i różnicy fazowej 90°.
- Wektor elektryczny obraca się w kierunku przeciwnym do ruchu wskazówek zegara -> polaryzacja kołowa prawa

Eliptyczny

- Dwie fale płaskie nie będące w fazie, o różnych amplitudach i/lub nie będące w fazie 90°.
- Najbardziej ogólnym stanem całkowitej polaryzacji jest eliptyczny

Losowe" lub niespolaryzowane

Sposoby polaryzacji fal elektromagnetycznych

- Absorpcja selektywna (dychroizm)
- Refleksja
- Rozproszenie
- Birefringence (podwójne załamanie) w materiałach krystalicznych

Absorpcja selektywna (dychroizm)

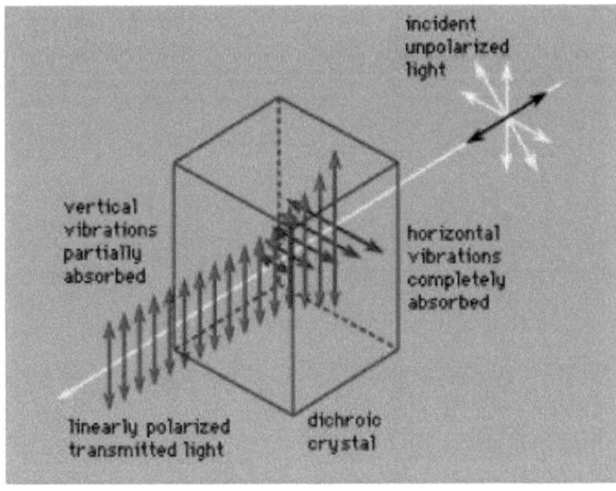

- Niektóre materiały krystaliczne pochłaniają więcej światła w jednej płaszczyźnie padającej niż w innej, dzięki czemu przepuszczane światło jest spolaryzowane. Ta anizotropia w absorpcji nazywana jest
- Dichroizm.

- Istnieją naturalnie występujące i sztuczne materiały dichroiczne (np. polaroidy)

- Takie materiały są używane do produkcji światła spolaryzowanego w urządzeniach teledetekcyjnych

- Materiały dichroiczne pochłaniają więcej światła w jednym stanie polaryzacji niż w innym. Minerał turmalin (krzemian boru) jest najbardziej znanym z naturalnych materiałów dichroicznych.

- Polaroid produkowany jest poprzez podgrzewanie i rozciąganie arkusza alkoholu poliwinylowego, który wyrównuje długie cząsteczki polimeru w kierunku rozciągania. Po zanurzeniu w roztworze jodu, atomy jodu dostarczają elektrony, które mogą łatwo poruszać się wzdłuż łańcuchów, ale nie prostopadle do nich. W ten sposób materiał staje się wydajnym przewodnikiem elektrycznym wzdłuż łańcuchów. Fale świetlne z polami elektrycznymi równoległymi do tych łańcuchów są silnie absorbowane, ponieważ energia jest rozpraszana przez ruch elektronów w długim łańcuchu. Prostopadle do łańcuchów, elektrony nie mogą się swobodnie poruszać, aby pochłaniać energię, a fale świetlne przechodzą przez nie.

Refleksja

- Kiedy niespolaryzowana fala EM jest odbijana od powierzchni, odbite światło może być całkowicie spolaryzowane, częściowo spolaryzowane lub niespolaryzowane, w zależności od kąta padania.

- Jeżeli kąt padania jest zerowy (nadir lub normalny), odbita wiązka jest niespolaryzowana. Dla wszystkich, z wyjątkiem jednego, innego kąta padania, wiązka jest częściowo spolaryzowana.

- Załamanie jest zginaniem się fali EM po wejściu do ośrodka, w którym zmienia się jej prędkość. Odpowiedzialny za tworzenie obrazu przez soczewki i oczy.

- Odchylenie wiązki zależy od współczynnika załamania światła (n) ośrodka; prędkość światła w próżni (c) podzielona przez prędkość światła w ośrodku (v). Zazwyczaj ≥ 1.

- Prędkość światła jest zredukowana w wolniejszym medium (wyższy RI); długość fali również zredukowana, ale częstotliwość pozostaje niezmieniona ($v = \lambda f$).

- Prawo do odbicia: gdy promień światła odbija się od powierzchni, kąt padania jest równy kątowi odbicia (odbicie punktowe). Stosuje się, gdy powierzchnia jest gładka w stosunku do długości fali padającego światła.

- Światło

- Kąt polaryzacji: gdy kąt pomiędzy światłem odbitym a załamanym (przepuszczanym) wynosi 90°, światło odbite jest w 100% spolaryzowane liniowo, prostopadle do płaszczyzny padania.

Rozproszenie

- Rozproszenie światła od cząsteczek powietrza nazywa się Rayleigh Scattering

- Zawiera cząsteczki o długości fali znacznie mniejszej niż długość fali padającego światła

- Odpowiedzialny za niebieski kolor czystego nieba

- Rozproszenie: Promieniowanie EM przekierowane przez materiał/medium

- Pojedyncze rozproszenie światła przez cząsteczki powietrza wytwarza liniowo spolaryzowane światło w płaszczyźnie prostopadłej do padającego światła - spójrz na niebo z okularami polaryzacyjnymi

- Rozpraszacze mogą być wizualizowane jako małe anteny (dipole), które promieniują prostopadle do ich linii oscylacji.

Birefringence

- Materiał amorficzny, jakim jest szkło, ma jeden współczynnik załamania światła.

    - Prędkość rozprzestrzeniania się fali EM jest taka sama we wszystkich kierunkach (izotropowa)

- Niektóre kryształy minerałów (np. kalcyt, kwarc) mają dwa różne wskaźniki załamania światła i są nazywane birefringentami

- Birefringence jest formalnie zdefiniowane jako podwójne załamanie światła w przezroczystym, molekularnie uporządkowanym materiale, które przejawia się w istnieniu orientacyjnie zależnych różnic we współczynniku załamania światła.

- Birefringence odnosi się do anizotropii w siłach wiążących pomiędzy atomami w krysztale - atomy mają silniejsze przyciąganie w niektórych orientacjach

- Światło przechodziło przez polaryzator, aby wytworzyć liniowo spolaryzowane światło, a następnie przechodziło przez materiał dwułupinowy.

- Światło podzielone na dwie części składowe, które przy większym współczynniku załamania światła będą opóźnione w fazie (opóźnienie)

- Niektóre kolory ulegają destrukcyjnej interferencji, a niektóre konstruktywne, dając wzór interferencji o różnych kolorach (zależy od grubości materiału).

Zastosowania polarymetryczne

- Atmosferyczne zdalne wykrywanie
- Wykrywanie celu (Target Detection)
- Astronomia
- Diagnostyka biomedyczna
- Inne zastosowania

Atmosferyczne zdalne wykrywanie

Polarymetria jest uważana za kluczową technikę w teledetekcji atmosferycznej, a w szczególności do charakteryzacji cząstek aerozoli. W rzeczywistości tylko połączenie pomiarów polaryzacji rozproszonego światła słonecznego z funkcjonalnością wielospektralną i wielokątową pozwala na jednoznaczne, zdalne odtworzenie kilku właściwości aerozoli: grubości optycznej aerozolu i właściwości mikrofizycznych, takich jak rozkład wielkości, składu chemicznego (poprzez złożony współczynnik załamania światła) i kształtu cząstek (sferyczny, niesferyczny, poszarpany itp.).). Takie pomiary są niezbędne nie tylko do oceny zagrożeń dla zdrowia związanych z aerozolami i do badania chmur pyłu wulkanicznego, które mają wpływ na ruch lotniczy, ale także do pomiaru właściwości rozpraszania/absorpcji aerozoli, które stanowią obecnie największe źródło niepewności w modelowaniu klimatu. Oprócz dedykowanego naziemnego oprzyrządowania polarymetrycznego opracowywanych jest kilka przyrządów satelitarnych, które umożliwią pomiary polarymetryczne aerozoli w skali globalnej.

Przyrząd POLDER10 posiada własne trzy różne wcielenia i jest pionierem polarymetrycznej teledetekcji przestrzennej. Jego konstrukcja jest również wzorem dla przyszłych, mocniejszych instrumentów, takich jak 3MI na pokładzie.

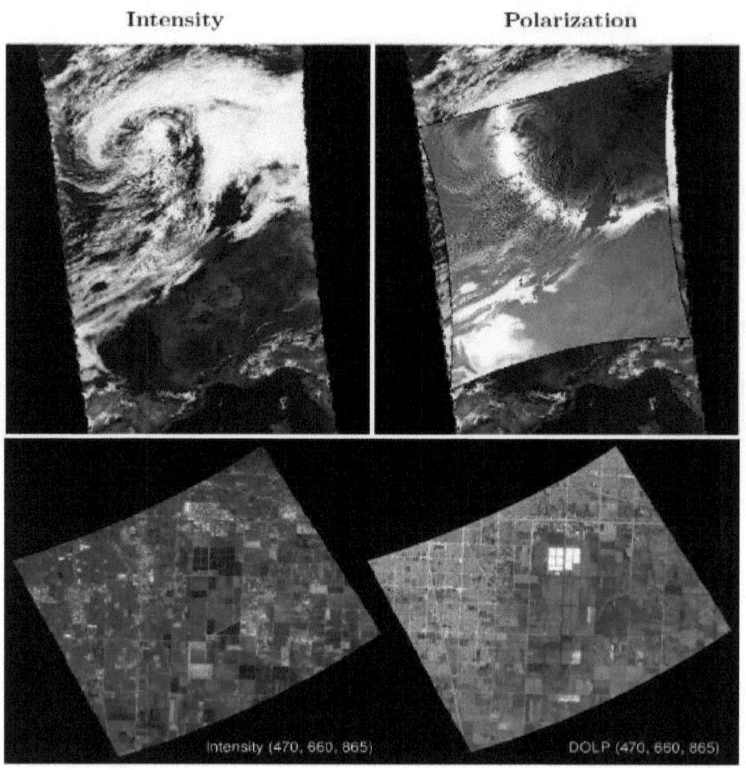

Rysunek 1. a) Dane POLDER: rzeczywiste natężenie kolorów i odpowiadające mu spolaryzowane natężenie przy 440, 670, 865 nm, wykazujące właściwości rozpraszające atmosfery i cechy chmur, które są wykorzystywane do pobierania wielkości kropli (dzięki uprzejmości Jer^ome Riedi). b) Dane MSPI z kampanii PODEX8, ying over Bakersfield, CA. Pola upraw są wyraźnie rozróżniane, podobnie jak stawy do oczyszczania ścieków (dzięki uprzejmości Davida J. Dinera i zespołu AirMSPI/Jet Propulsion Laboratory).

Parametry Stokesa liniowego mogą być mierzone dla każdej z taśm filtracyjnych po trzech pozycjach koła filtracyjnego. Ponieważ to koło filtrujące obraca się podczas lotu satelity nad sceną naziemną, trzy nagrania różnią się nieznacznie. Po dokładnej kalibracji (również polaryzacji instrumentalnej ze względu na układ optyczny rybie oko), polarymetryczna dokładność pomiarów POLDER wynosi 2% dla scen o dużych nachyleniach przestrzennych.

Trzy, bardzo różne koncepcje instrumentów polarymetrycznych są opracowywane w celu zapewnienia tak wysokiej dokładności polarymetrii. Badawczy Polarymetr Skanujący11 i Aerozolowy Czujnik Polarymetryczny12 zostały zaprojektowane w celu zapewnienia ściśle jednoczesnych pomiarów polaryzacji liniowej.

Polarymetria jest realizowana przez kilka dalekowzrocznych teleskopów z dichroicznym rozszczepieniem wiązki i pryzmatami Wollastona poniżej 0=90 i 45, które zasilają wiele fotodiod. Scena gruntowa jest szybko skanowana przez obrotowy zespół dwóch skrzyżowanych luster, tak aby zminimalizować ich łączne instrumentalne właściwości polaryzacyjne. Mechanizm ten może być również wskazywany w celu doprowadzenia światła przez jednostkę kalibracji polaryzacji, która weryfikuje dokładność polaryzacji na poziomie 0,2%, którą osiągnięto na ziemi.

Wykrywanie celu (Target Detection)

W zastosowaniach związanych z wykrywaniem celów (np. widzenie maszyn, zastosowania wojskowe) polarymetria jest często stosowana jako technika zwiększająca kontrast. Podczas gdy właściwości spektralne, takie jak emisja barw lub ciepła, zależą od materiałów, z których zbudowane są obiekty w danej scenie, właściwości polaryzacji zależą w dużym stopniu od kształtu, orientacji i chropowatości powierzchni. W rezultacie informacje o widmie i polaryzacji często dostarczają niezależnych cech umożliwiających wykrycie obiektu, który ma podobne właściwości spektralne jak tło lub jest ukryty w zagraconym otoczeniu. Przyczyną tego jest to, że albo polaryzacja jest tworzona przez odbicie (słońca) światła na powierzchni dielektryka lub metalu, albo przez załamanie emisji termicznej na takiej powierzchni, albo że światło jest depolaryzowane przez cel w inny sposób niż otaczające go obiekty. Polarymetry obrazowe do wykrywania celu muszą być szybkie i dostarczać danych w czasie rzeczywistym. Konfiguracje polarymetryczne są zatem często tak proste, jak to tylko możliwe, obejmując systemy rozszczepiania wiązki (\\u0026apłaszczyzna amplitudy lub\u0026apłaszczyzna przysłony"1) lub mikropolaryzacyjne tablice na górze płaszczyzny ogniskowej (\u0026apłaszczyzna ogniskowa). Dogłębne omówienie technik pomiaru polaryzacji znajduje się w rozdziale 4. Rysunek. 2a zawiera przykład systemu z dwiema zsynchronizowanymi kamerami termowizyjnymi za normalną polaryzującą wiązką-rozszczepieniem, które mogą dzięki temu zapewnić dwa pierwsze parametry Stokesa w czasie rzeczywistym. Rysunek. 2b przedstawia wynik z systemu z mikropolaryzacją, który również dostarcza wyniki w czasie rzeczywistym.

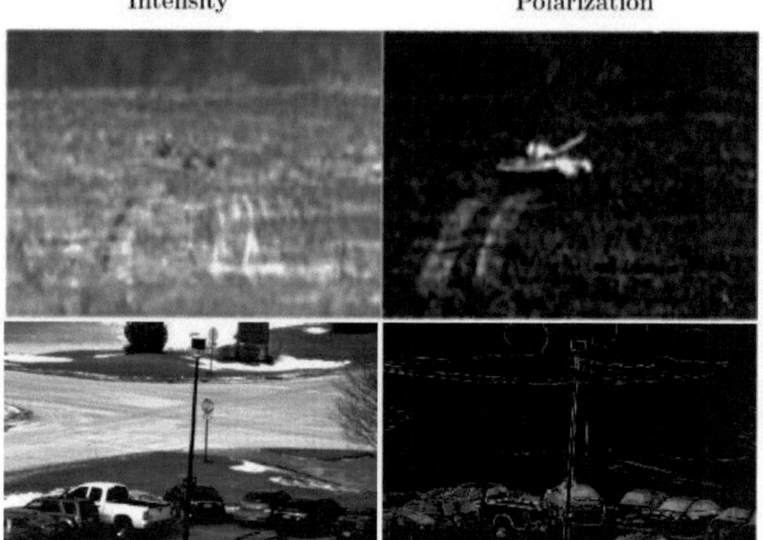

Rysunek 2. a) Zbiornik w stanie równowagi termicznej, zobrazowany kamerą na podczerwień w zakresie natężenia i stopnia liniowej polaryzacji (dzięki uprzejmości Davida Cenaulta, Polaris). b) Samochody zobrazowane za pomocą matrycy polaryzacyjnej z mikrosieciową płaszczyzną ogniskową. W stopniu polaryzacji liniowej wyróżniają się tylko przednie szyby (dzięki uprzejmości Dmitrija Worobiewa).

Astronomia

W astronomii cel dla oprzyrządowania polarymetrycznego2, 3, 15, 16 jest często wymagany do wykrywania małych sygnałów polaryzacyjnych (1% do 10). Wyróżniamy polarymetrię obrazową, która jest często wykorzystywana do ujawniania struktur okołogwiazdowych (patrz rys. 3a) i jest wykorzystywana do bezpośredniego obrazowania egzoplanet oraz spektropolarymetrię, która może badać fizyczne środowisko gwiazd i innych obiektów astronomicznych poprzez polaryzację liniową. Na przykład, pole magnetyczne rozbija linie spektralne zgodnie z efektem Zeemana. Składowe linii podziału są różnie spolaryzowane,2 i dlatego wrażliwa polarymetria może badać trójwymiarową strukturę magnetyczną, nawet jeśli pole magnetyczne jest tak małe, że nie można zmierzyć intensywności podziału linii spektralnej. Największy efekt polaryzacji występuje w polaryzacji kołowej składowej pola magnetycznego wzdłuż linii wzroku, a efekt ten jest stosowany od ponad stu lat (od G. E. Hale'a w 1908 r.) i jest obecnie rutynowo stosowany w naziemnych i satelitarnych teleskopach słonecznych do monitorowania aktywności słonecznej (patrz Rys. 3b). Te same techniki są obecnie wykorzystywane do pomiaru i mapowania (!) pól magnetycznych na nierozwiązanych gwiazdach, poprzez zastosowanie efektu Dopplera i wysoko czułej spektropolarymetrii rotacyjno-fazowej. Ogólnie rzecz biorąc, światło z obiektów astronomicznych jest spolaryzowane zawsze, gdy występuje jakieś odstępstwo od symetrii sferycznej, co ma miejsce nawet w przypadku gwiazd. Dlatego polarymetria umożliwia sondowanie struktur przestrzennych, które znacznie wykraczają poza możliwości adaptacyjnej optyki w dużych teleskopach i interferometrze dalekiego zasięgu.

Aby osiągnąć wysoką wrażliwość polarymetryczną, należy przezwyciężyć kilka systematycznych efektów. Przede wszystkim, turbulencje atmosferyczne tworzą "widzenie" (tj. migotanie gwiazd), które ogranicza polarymetrię, jeśli kolejne obrazy są łączone w celu utworzenia pomiaru polaryzacji. Równoczesne pomiary po spolaryzowaniu wiązka-rozszczepienie dają efekty różnicowe, które ograniczają czułość polarymetryczną.

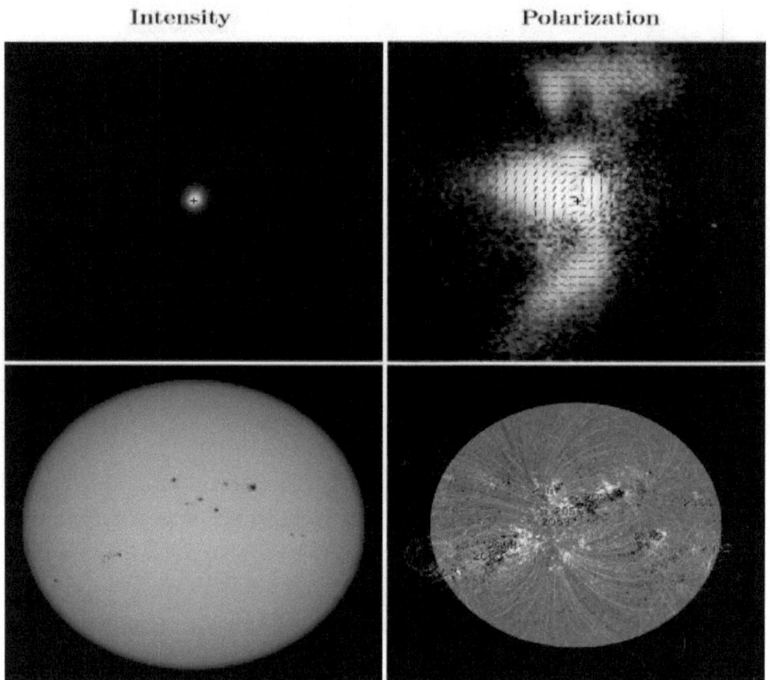

Rysunek 3. a) Obserwacje ExPo17 młodej gwiazdy T Tauri. Czuła polarymetria obrazowa ujawnia strukturę tarczy okołogwiazdowej, ponieważ jej materiał rozprasza światło gwiazdy centralnej (dzięki uprzejmości Michiela Rodenhuisa). b) Pełnotnotarczowe obrazy słoneczne z instrumentu satelitarnego SDO-HMI. Pomiary polarymetryczne w czułej na Zeemana linii spektralnej ujawniają złożoną i dynamiczną strukturę słonecznego pola magnetycznego (z http://sdo.gsfc.nasa.gov/data/).

Nowoczesne teleskopy na ogół również ograniczają wydajność polarymetryczną, ponieważ oprzyrządowanie polarymetryczne często znajduje się za kilkoma lustrami teleskopu, które wywołują polaryzację często większą niż polaryzacja docelowa, a także modyfikują polaryzację przychodzącą (\"cross-talk"). Te instrumentalne efekty polaryzacji są często zmienne, ponieważ zmieniają się wraz ze wskazaniem teleskopu oraz wraz ze starzeniem się i zanieczyszczeniem luster.

Diagnostyka biomedyczna

Oprzyrządowanie polarymetryczne do diagnostyki biomedycznej posiada dodatkową swobodę projektowania, jak również możliwość manipulowania polaryzacją źródła światła. W niektórych przypadkach źródło światła jest spolaryzowane liniowo, a rozproszone światło np. z tkanki jest analizowane w polaryzacji prostopadłej i krzyżowej. Światło powierzchniowe, jednokrotne rozpraszane pojawia się przeważnie z taką samą polaryzacją jak wejściowa, podczas gdy światło głęboko rozproszone wielopunktowo ma również składową spolaryzowaną prostopadle. Czysto powierzchowna struktura tkanki jest łatwo uzyskiwana z polarymetrycznej

Pomiar różnicy. Stopień polaryzacji związany z tym pomiarem jest diagnostyczny dla właściwości tkanek i może być użyty do wczesnego wykrywania raka, patrz rysunek. 4a.

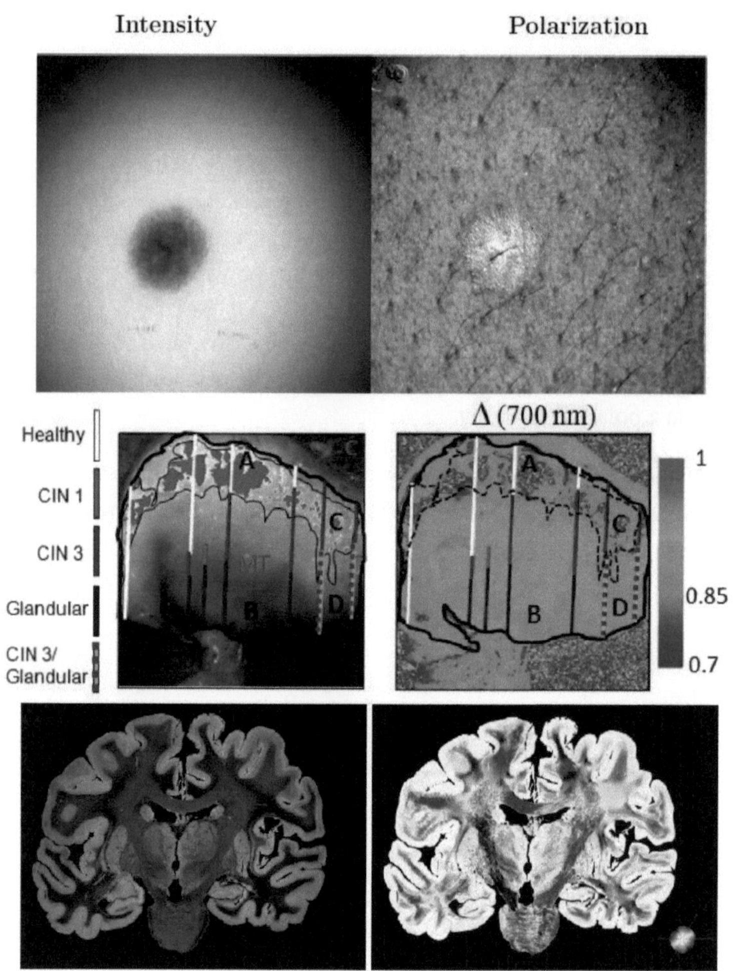

Rysunek 4. a) Kret (znamię złożone) zobrazowany przez polaryzator równoległy do polaryzacji źródła światła oraz w stopniu polaryzacji liniowej, co pozwala na diagnostykę ryzyka czerniaka (dzięki uprzejmości Stevena Jacquesa). b) Obraz natężenia i depolaryzacja pochodnej w postaci polarymetrii macierzy Muellera szyjki macicy rakowej. Cięcia wskazują na wyniki patologii, które są natychmiastowo potwierdzane przez obrazowanie polarymetryczne (adaptowane z Ref26). c) Trójwymiarowe mapowanie dróg włókienkowych w mózgu umożliwione

przez mikroskop polaryzacyjny plastrów mózgu: obraz natężenia i odtworzoną geometrię włókien.

Innym zastosowaniem polarymetrii biomedycznej jest mikroskopia próbek. Piękne filmy o dynamice komórkowej mogą być wykonane poprzez wzmocnienie kontrastu w mikroskopie polaryzacyjnym.

Inne zastosowania

Polarymetria może być wykorzystywana z korzyścią w wielu różnych obszarach zastosowań. W tym miejscu podajemy niewyczerpującą listę:

- oftalmologia, wykrywanie jaskry
- Nadzór
- monitorowanie upraw
- monitoring oceaniczny
- wizja podwodna
- wykrywanie min lądowych
- wykrycie erozji
- charakterystyka powierzchni/materiału, identyfikacja
- profilometria (wyszukiwanie kształtu 3D)
- metrologia
- detekcja gazu
- Pomiar/odwzorowanie dwójłomności: arkusze polimerowe, okna, powłoki, wyświetlacze LC
- autonomiczne, zautomatyzowane widzenie (prowadzenie)
- inspekcja drogowa
- samoloty do wykrywania lodu
- pomiar/charakterystyka nanocząstek

Techniki pomiaru polaryzacji

Polarymetria por. formalizm Stokesa polega na takim manipulowaniu światłem, że można połączyć kilka niezależnych zapisów natężenia, aby uzyskać (częściową) miarę stanu polaryzacji padającego światła. Celem każdej konstrukcji polarymetrów jest wykonanie tych zapisów natężenia w najbardziej optymalny sposób, biorąc pod uwagę specyficzną systematykę związaną z zastosowaniem(ami). Do pomiarów polaryzacji dostępnych jest wiele implementacji i kilka domen pomiarowych: domena przestrzenna, domena czasowa, domena spektralna, domena kątowa, itp. W zbiorowości detekcji celu / teledetekcji ten proces polarymetryczny jest kategoryzowany z podziałem na:" etykiety.1 w zbiorowości astronomicznej, każda implementacja, która umożliwia pomiar polaryzacji jest nazywana "modulacją", np. przestrzenną, czasową, spektralną.2 w obu przypadkach, nomenklatura ta nie ma zastosowania do wszystkich polarymetrów.

Techniki pomiaru polaryzacji:

- Domeny pomiarowe
- Optymalizacja
- Polarymetria dwuwiązkowa
- Modulacja multidomenowa
- Inżynieria systemów i kalibracja

Nowoczesne technologie polaryzacyjne

Wiele osiągnięć w dziedzinie oprzyrządowania polarymetrycznego wynika z rozwoju technologicznego, który często nie jest początkowo ukierunkowany na zastosowanie polarymetryczne.

Składniki ciekłokrystaliczne

Chociaż ciekłokrystaliczne retardery zmiennoobrotowe stanowią prawdopodobnie najczęstszy obecnie modulator polaryzacji, to jednak wciąż ewoluują.

Skrętny charakter niektórych nematycznych materiałów ciekłokrystalicznych daje początek nowej metodzie achromatyzowania optyki opóźniacza. Uogólnienie zasady pancharatnamu może być zastosowane poprzez układanie (samoczynne wyrównywanie) warstw ciekłych kryształów o kontrolowanej grubości, dwójłomnej dyspersji i skręcie. Dzięki tym tak zwanym "multi-twist retardersom" (MTR) można osiągnąć niespotykaną dotąd wydajność retardancji w ogromnych zakresach spektralnych.

Mikropattering

Tablice mikropolaryzacyjne mogą mierzyć tylko polaryzację liniową. Dla zastosowań typu full-stokes opracowany został zwalniacz mikroprocesorowy w połączeniu ze zwykłym polaryzacją.

Interpretacja i wizualizacja danych

Redukcja i interpretacja danych

Polarymetryczna redukcja danych jest często bardzo zależna od aplikacji. Niemniej jednak, niektóre techniki i podejścia są przedmiotem ogólnego zainteresowania.

- Artefakty ruchowe często ograniczają obrazowanie polarymetryczne. Takie fałszywe sygnały polaryzacyjne mogą być kompresowane poprzez zastosowanie techniki przepływu optycznego w celu ustabilizowania surowych obrazów.

- Artefakty można również zredukować poprzez nielokalne filtrowanie średnie.

- Segmentacja obrazu może być wykorzystywana zarówno do optymalizacji SNR jak i do rekonstrukcji obrazu.

- Dane z macierzy muellerskiej mogą być bezpośrednio rozkładane na składniki fizyczne, a fizyczność macierzy muellerskiej może być narzucona w celu tłumienia hałasu i błędów pomiarowych.

- W niektórych przypadkach lepiej jest bezpośrednio modelować/interpretować surowe dane modulowane, niż demodulować do parametrów Stokesa.

Polarymetryczna wizualizacja danych

Oczywiście mapy wektorowe idealnie nadają się do polarymetrii, a do tego dostępnych jest wiele atrakcyjnych narzędzi wizualizacyjnych. Często do przedstawienia stopnia i kąta polaryzacji wykorzystuje się kolorystykę HSB, ale można ją nawet wykorzystać do wizualizacji danych 3D pochodzących z pomiarów polaryzacji. A ponieważ polarymetria często nie jest jedyną modalnością danych, polaryzacja wielowymiarowa często jest łączona z innymi metodami diagnostycznymi.

Podsumowanie

Polaryzacja jest podstawową właściwością światła, a światło z dowolnego źródła jest do pewnego stopnia spolaryzowane. Polarymetria jest zatem cenną techniką pozwalającą na zdalne uzyskiwanie informacji o szerokiej gamie źródeł i obiektów.

Referencje

- J. J. Gil, \Przegląd na algebrze matrycy muellerskiej do analizy pomiarów polarymetrycznych," Journal of Applied Remote Sensing 8(1),p. 081599, 2014.

- D. J. Diner, M. J. Garay, O. V. Kalashnikova, B. E. Rheingans, S. Geier, M. A. Bull, V. M. Jovanovic, F. Xu, C. J. Bruegge, A. Davis, K. Crabtree, and R. A. Chipman, \Airborne multiangle spectropolarimetry imager (airmspi) observation over California during nasa's polarimeters definition experiment (podex)," 2013.

- A. Pierangelo, A. Nazac, A. Benali, P. Validire, H. Cohen, T. Novikova, B. H. Ibrahim, S. Manhas, C. Fallet, M.-R. Antonelli i A.-D. Martino, \"Polarymetryczne obrazowanie szyjki macicy: studium przypadku", Opt. Express 21, str. 14120{14130, czerwiec 2013.

▪M. Rodenhuis, H. Canovas, S. V. Jeffers, M. de Juan Ovelar, M. Min, L. Homs i C. U. Keller, \"The extreme polarimeters: design, performance, first results and upgrades," in Society of Photo-Optical Instrumentation Engineers (SPIE) Conference Series, Society of Photo-Optical Instrumentation Engineers (SPIE) Conference Series 8446, Sept. 2012.

▪D. M. Harrington, J. R. Kuhn, and S. Hall, \Deriving Telescope Mueller Matrices Using Daytime Sky Polarization Observations,"PASP 123, s. 799{811, lipiec 2011.

▪F. Snik i C. U. Keller, \Polarymetria Astronomiczna: Spolaryzowane widoki gwiazd i planet", w "Planetach, Gwiazdach i Układach Gwiezdnych". Tom 2: Astronomical Techniques, Software and Data, T. D. Oswalt and H. E. Bond, eds., s. 175, 2013.[3] D. Clarke, Stellar Polarimetry, 2010.

▪O. Kochuchuchow, W. Makaganiuk i N. Piskunow, \Najmniejsze kwadraty dekonwersji widm intensywności gwiazdowej i polaryzacji," A&A 524, s. A5, grudzień 2010.

▪I. J. Vaughn i B. G. Hoover, \"Redukcja szumów w polarymetrach laserowych opartych na dyskretnych obrotach płyt falowych", Opt. Express 16, s. 2091{2108, luty 2008.

▪E. Wolf, Introduction to the Theory of Coherence and Polarization of Light, Cambridge University Press, 2007.

▪R. J. Peralta, C. Nardell, B. Cairns, E. E. Russell, L. D. Travis, M. I. Mishchenko, B. A. Fafaul i R. J. Hooker, \Aerosolowy czujnik polarymetryczny dla misji chwały," w Society of Photo-Optical Instrumentation Engineers (SPIE) Conference Series, Society of Photo-Optical Instrumentation Engineers (SPIE) Conference Series 6786, Nov. 2007.

▪J. S. Tyo, D. L. Goldstein, D. B. Chenault i J. A. Shaw, \Przegląd polarymetrii obrazowania pasywnego do zastosowań teledetekcyjnych,"Appl. Opt. 45, str. 5453-5469, Aug 2006.

▪N. J. Pust i J. A. Shaw, \Polarymetry obrazowe o podwójnym polu widzenia, wykorzystujące ciekłokrystaliczne opóźniacze zmienne," Appl. Opt. 45, str. 5470{5478, Aug 2006.

Rozdział 8 Sieci neuronowe w teledetekcji atmosferycznej

Wprowadzenie

Szacowanie wysokiej jakości parametrów geofizycznych (informacji o fizycznych, chemicznych i biologicznych właściwościach oceanów, atmosfery i powierzchni lądu) na podstawie pomiarów zdalnych (satelitarnych, lotniczych itp.) jest bardzo ważnym problemem w takich dziedzinach jak meteorologia, oceanografia, klimatologia oraz modelowanie i prognozowanie środowiskowe. Obecna generacja czujników do obserwacji Ziemi produkuje dane o dużym potencjale do wykorzystania w badaniach naukowych i technologicznych w bardzo dużych i ciągle rosnących ilościach. Dane te stanowią wprawdzie znaczące źródło informacji, dzięki któremu można rozwiązać wiele podstawowych problemów związanych ze środowiskiem, ale stanowią również nowe wyzwania w zakresie przetwarzania i interpretacji danych. Wyzwaniom tym należy stawić czoła, jeśli chcemy w pełni wykorzystać potencjał danych. Jest to nie tylko konieczne dla efektywnego wykorzystania obecnych danych, ale również stanowi istotne ograniczenie dla potrzeby i wpływu na projekt instrumentów proponowanych dla przyszłych platform czujników. To właśnie w kontekście tych wymogów sztuczne sieci neuronowe (ANN) są obecnie stosowane w wielu różnych zastosowaniach teledetekcji. Wykorzystanie sztucznych sieci neuronowych do interpretacji danych pochodzących z teledetekcji zostało umotywowane faktem, że ludzki mózg jest bardzo wydajny w przetwarzaniu ogromnych ilości danych pochodzących z różnych źródeł. Neurony w ludzkim mózgu odbierają dane wejściowe od innych neuronów i wytwarzają dane wyjściowe (jeśli suma danych wejściowych jest powyżej pewnego progu), które są następnie przekazywane do innych neuronów. Od pewnego czasu uznaje się, że podejście matematyczne oparte na działaniu neuronów biologicznych może być stosowane do przetwarzania i interpretacji wielu różnych rodzajów danych cyfrowych. O ile nie jest możliwe lub pożądane odtworzenie złożoności ludzkiego mózgu na komputerze, o tyle sztuczne sieci neuronowe oparte na architekturze prostych elementów przetwarzania, takich jak neurony, okazują się skuteczne w wielu zastosowaniach, w tym w przetwarzaniu i interpretacji danych teledetekcyjnych.

Nauka maszynowa

Algorytmy uczenia maszynowego próbują zidentyfikować wzorce i zależności pomiędzy zmiennymi w zbiorze danych, zwykle za pomocą jakiejś formy generalizacji indukcyjnej. Dziedzina uczenia się maszynowego jest rozległa i interdyscyplinarna, obejmująca takie dziedziny jak biologia, matematyka, informatyka i inżynieria.

Nauka nadzorowana i nienadzorowana

Algorytmy uczenia się wyodrębniają cechy i właściwości matematyczne z zestawu danych o szkoleniu, a "uczenie się" jest często umożliwiane przez pewnego rodzaju wzmocnienie lub konkurencję. Uczenie się może być nadzorowane lub bez nadzoru. Nauka nadzorowana wykorzystuje pary danych uporządkowanych jako dane wejściowe i docelowe. Z każdym wkładem związana jest wartość docelowa, a algorytm uczenia się określa zależność między wkładami a wartościami docelowymi w miarę postępu szkolenia. Wielowarstwowe sieci perceptronowe i wspierające maszyny wektorowe są przykładami uczenia się nadzorowanego. Metody uczenia się bez nadzoru nie wymagają par wejście-cel; sam algorytm decyduje, jaki cel jest najlepszy dla danego wkładu i odpowiednio go organizuje.

Klasyfikacja i regresja

Problemy związane z uczeniem się maszyn zazwyczaj dzielą się na dwie kategorie: klasyfikację, w której wektorowi wejściowemu przypisuje się przynależność do jednej z kilku skończonych grup, lub regresję (aproksymację funkcji), w której znajduje się wielowymiarowa "funkcja dopasowywania", która mapuje wektor wejściowy na wektor wyjściowy, który jest ściśle zbliżony do celu. W geofizycznym kontekście teledetekcji klasyfikatory maszynowe mogą być wykorzystywane do różnych celów, w tym do klasyfikowania typów powierzchni, monitorowania rolnictwa, leśnictwa i ekologii oraz poszukiwania minerałów i ropy naftowej. Te i podobne właściwości najlepiej jest mierzyć za pomocą czujników obrazowych.

Sieci neuronowe Feedforward

Sieci neuronowe Feedforward propagują wejścia (warstwa wejściowa) poprzez zestaw węzłów obliczeniowych rozmieszczonych w warstwach, aby obliczyć wyjścia sieci. Warstwa wyjściowa jest ostatnią warstwą sieci neuronowej i zazwyczaj zawiera elementy liniowe. Warstwy pomiędzy warstwą wejściową a wyjściową nazywane są warstwami ukrytymi i zwykle zawierają elementy nieliniowe.

Sztuczne sieci neuronowe

Sztuczne sieci neuronowe, czyli sieci neuronowe, są strukturami obliczeniowymi zainspirowanymi przez biologiczne sieci gęsto połączonych neuronów, z których każdy jest zdolny tylko do prostych obliczeń. Tak jak biologiczne sieci neuronowe są zdolne do uczenia się z ich otoczenia; sieci neuronowe są zdolne do uczenia się z prezentacji danych szkoleniowych, ponieważ wolne parametry (wagi i uprzedzenia) są dostosowywane do danych szkoleniowych. Sieci neuronowe mogą być wykorzystywane do uczenia się i obliczania funkcji, dla których związki analityczne pomiędzy wejściami i wyjściami są nieznane i/lub obliczeniowo złożone, a zatem są przydatne do rozpoznawania wzorców, klasyfikacji i przybliżania funkcji. Sieci neuronowe są szczególnie atrakcyjne w przypadku inwersji danych z teledetekcji atmosferycznej, gdzie zależności są zwykle nieliniowe i niegazowe, a procesy fizyczne mogą nie być dobrze zrozumiałe.

Charakterystyka sieci neuronowych

- Rozwój wielowarstwowego Perceptronu
- Podstawowa architektura
- Koncepcja feed-forward
- Szkolenie
- Uogólniając
- Weryfikacja

Architektura sieci neuronowych

Przegląd procedury sieci neuronowej pokazano na rysunku 1. Szkolenie sieci neuronowej polegałoby na zbieraniu zbieżnych danych z profili wiatrowych i danych rawinsonde. Dane te byłyby filtrowane za pomocą algorytmów, które sprawdzają dane pod kątem brakujących pól i wadliwych zapisów danych. W przypadku braku danych w którymkolwiek z pól danych zestawu szkoleniowego, ten indywidualny przypadek testowy, tj. profil wiatrowy, zostanie odrzucony na potrzeby szkolenia lub testów. Po wyodrębnieniu kierunku i prędkości wiatru dla wybranych poziomów wysokości, parametry wiatru zostaną przekształcone na składowe U (wschód-zachód) i odpowiadające im składowe V (północ-południe) wiatru.

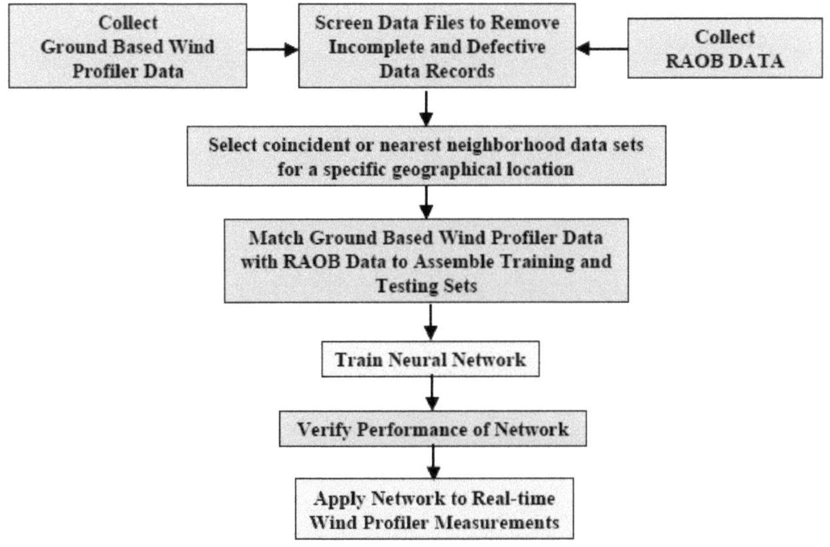

Rysunek 1: Schemat blokowy procedury sieci neuronowej do odzyskiwania wiatrów górnego poziomu

Aby zmontować rzeczywiste zestawy szkoleniowe i testowe dla sieci neuronowej, dane z wind profiler zostaną dopasowane do odpowiednich danych rawinsonde. Mimo, że profilery wiatrowe mogą mieć do wyboru okresy integracji, dane o wietrze rawinsonde mogą zająć ponad godzinę, aby uzupełnić swój profil. W związku z tym dokładne dopasowanie nie jest możliwe.

Podejścia neuronowe w teledetekcji

Szybka absorpcja podejść neuronowych w teledetekcji wynika głównie z ich szeroko udokumentowanej zdolności do:

- Działać dokładniej niż inne techniki, takie jak klasyfikatory statystyczne, zwłaszcza gdy przestrzeń obiektów jest złożona, a dane źródłowe mają różne rozkłady statystyczne.
- Działać szybciej niż inne techniki, takie jak klasyfikatory statystyczne.

- Włączenie do analizy wiedzy a priori i realistycznych ograniczeń fizycznych.
- Włączyć do analizy różne rodzaje danych (w tym dane z różnych czujników).

Zastosowania w teledetekcji

Ziemia

Zastosowano sieci neuronowe do klasyfikacji pokrycia terenu na podstawie zdjęć z Landsat Thematic Mapper (TM) i stwierdzono, że w różnym stopniu podejście neuronowe było dokładniejsze niż tradycyjna klasyfikacja statystyczna.

Chmury

Podobne podejście przyjęto do oceny sieci neuronowych służących do identyfikacji i klasyfikacji chmur.

Dane z wielu źródeł

Istotną zaletą sieci neuronowych jest to, że pozwalają one na łączenie danych z różnych źródeł w jedną klasyfikację lub oszacowanie.

Klasyfikacja rozmyta

Istnieje tendencja do badania zestawów rozmytych, które obejmują różne stopnie przynależności do zestawu. Zestawy rozmyte są odpowiednie tam, gdzie granice między zjawiskami nie są wyraźne (lub twarde). W technikach neurofuzzy siła sieci neuronowych jest połączona z logiką rozmytą, aby umożliwić włączenie reguł rozmytych do klasyfikacji i umożliwić przedstawienie i zminimalizowanie wewnętrznej niepewności klasyfikacji.

Integracja podejścia neuronowego i statystycznego

Należy zastosować podejście neuronowe i statystyczne w celu zidentyfikowania (poprzez różne mechanizmy) różnych podpodziałów przestrzeni klasy wyjściowej.

Rozwiązania oparte na sieciach neuronowych

Alternatywnym podejściem do opisanej powyżej metody inwersji numerycznej jest regresja statystyczna (sparametryzowana aproksymacja funkcji), gdzie zespół par wejść/wyjść jest używany do empirycznego wyprowadzenia relacji statystycznych pomiędzy zespołami. W przypadku regresji liniowej, do obliczenia dopasowania liniowego, które minimalizuje błąd sumaryczny pomiędzy dopasowaniem a danymi, wykorzystuje się statystyczny moment drugiego rzędu (kowariancja). Reprezentacja liniowa rzadko jest wystarczająca do pełnego scharakteryzowania złożonych zależności statystycznych endemicznych w danych atmosferycznych i należy stosować techniki regresji nieliniowej. Sztuczna sieć neuronowa jest specjalną klasą operatorów regresji nieliniowej - struktura matematyczna sieci neuronowej jest tak dobrana, aby zapewnić kilka pożądanych właściwości, w tym skalowalność i zróżnicowanie. Sztuczna sieć neuronowa (zwana dalej po prostu siecią neuronową), wzorowana na ludzkim układzie nerwowym, składa się z połączonych ze sobą neuronów lub węzłów, które realizują prostą, nieliniową funkcję wejść. Zazwyczaj wejścia te są ważone liniowo (wagi modulują każde wejście, a odchylenia zapewniają przesunięcie) i przechodzą przez funkcję aktywacji (często nieliniową). Moc sieci neuronowych, zarówno z punktu widzenia ich możliwości, jak i wyprowadzenia ich wolnych parametrów, wynika z równoległej struktury elementów obliczeniowych. W tej książce rozważamy przede wszystkim połączenia paszowe forward warstw węzłów z węzłami aktywacyjnymi sigmoidalnymi (soft limit). Można zastosować wiele innych wariantów, ale najczęściej spotykana jest odmiana feed forward, a opisane tu techniki są chętnie stosowane do innych topologii.

Podejście oparte na sieci neuronowej oferuje kilka istotnych zalet w porównaniu z iteracyjnymi, opartymi na modelach metodologiami inwersji. Po wyprowadzeniu wag i uprzedzeń (w trakcie procesu szkolenia), sieć działa bardzo szybko i może być łatwo zaimplementowana w oprogramowaniu. Ta prostota i szybkość znacznie ułatwia rozwój i utrzymanie, a co za tym idzie koszty, złożonych systemów geofizycznego wyszukiwania danych, które przetwarzają duże ilości danych hiperspektralnych. Szkolone sieci neuronowe są ciągłe i zróżnicowane, co upraszcza propagację błędów, a tym samym analizę wrażliwości działania. Wreszcie, sieci neuronowe mogą przybliżać funkcje z arbitralnie wysokim stopniem nieliniowości z wystarczającą liczbą węzłów i warstw. Zalety te przyczyniły się do niedawnego wykorzystania algorytmów szacowania sieci neuronowych do wyszukiwania parametrów geofizycznych. Metody oparte na sieciach neuronowych do klasyfikacji danych również stały się powszechne, chociaż w tej książce skupimy się na regresji. Wiele z omawianych wskazówek i technik ma jednak bezpośrednie zastosowanie do obu rodzajów problemów.

Zalety stosowania sztucznej sieci neuronowej

Korzystanie z ANN oferuje następujące użyteczne możliwości:

- **Nieliniowość**: Neuron jest urządzeniem nieliniowym, co sprawia, że sieć jest nieliniowa. Charakterystyka ta jest szczególnie ważna, jeśli mierzone zjawiska są nieliniowe.

- **Mapowanie wejścia-wyjścia (Input-Output Mapping)**: Często nazywane nauczaniem nadzorowanym, pozwala na modyfikację wag synaptycznych ANN poprzez zastosowanie zestawu próbek szkoleniowych.

- **Adaptacja:** ANN mają zdolność do przystosowania swoich wag synaptycznych do zmian w środowisku.

- **Ewidentna odpowiedź:** Systemy ANN mogą być zaprojektowane w taki sposób, aby nie tylko dostarczać informacji o tym, jakie wartości wybrać, ale również zapewniać pewność podjętej decyzji.

- **Informacje kontekstowe**: Każdy neuron w sieci jest potencjalnie dotknięty globalną aktywnością wszystkich innych neuronów w sieci. W związku z tym informacje kontekstowe są łatwo dostępne.

- **Jednolitość analizy i projektowania**: Neurony, w takiej czy innej formie, reprezentują składnik wspólny dla wszystkich ANN. Ta wspólność pozwala na dzielenie się teoriami i algorytmami uczenia się w różnych zastosowaniach ANN.

Podsumowanie

Sieci neuronowe są techniką sztucznej inteligencji (SI) i dlatego też pochodzą z tej samej rodziny co systemy eksperckie i oparte na wiedzy podejście do uczenia się. Nastąpił znaczny wzrost zarówno ilości dostępnych danych teledetekcyjnych, jak i wykorzystania sieci neuronowych. Wzrosty te miały miejsce w dużej mierze równolegle i dopiero niedawno kilku naukowców zaczęło stosować sieci neuronowe do danych teledetekcyjnych.

Sieci neuronowe, w najprostszym znaczeniu, mogą być postrzegane jako transformatory danych, gdzie celem jest powiązanie elementów w jednym zbiorze danych z elementami w drugim zbiorze. W przypadku zastosowania do klasyfikacji, na przykład, dotyczą one przekształcania danych z przestrzeni obiektu w przestrzeń klasy. Sieci neuronowe należą zatem do tej samej klasy technik co automatyczne rozpoznawanie wzorów, regresja i klasyfikacja spektralna (i teksturowa). Biorąc pod uwagę znaczenie tych technik, nie jest zaskoczeniem, że te sieci neuronowe znajdują coraz większe zastosowanie w teledetekcji.

Referencje

- Beusch, L., Foresti, L., Gabella, M., & Hamann, U. (2018). Satelitarny Retrieval Deszczowy: Od Uogólnionych Modeli Liniowych do Sztucznych Sieci Neuronowych. Remote Sensing, 10(6), 939. doi:10.3390/rs10060939

- Maggiori, E., Tarabalka, Y., Charpiat, G., & Alliez, P. (2016). W pełni konwulsyjne sieci neuronowe do klasyfikacji obrazów teledetekcyjnych. 2016 IEEE International Geoscience and Remote Sensing Symposium (IGARSS). doi:10.1109/igarss.2016.7730322

- Jensen, R. R., Hardin, P. J., & Yu, G. (2009). Artificial Neural Networks and Remote Sensing. Geography Compass, 3(2), 630-646. doi:10.1111/j.1749-198.2008.00215.x

- Blackwell, W. J., Pieper, M., & Jairam, L. G. (2008). Oszacowanie profili atmosferycznych w sieci neuronowej przy użyciu danych AIRS/IASI/AMSU w obecności chmur. Multispektralne, hiperspektralne i ultraspektralne techniki teledetekcji, techniki i zastosowania II. doi:10.1117/12.80484

- Cerdena, A., Gonzalez, A., i Perez, J. C. (2007). Teledetekcja parametrów chmury wodnej z wykorzystaniem sieci neuronowych. Journal of Atmospheric and Oceanic Technology 24, s. 52-63.

- Schroeder, T., Fischer, J., Schaale, M., & Fell, F. (2003). Algorytm korekcji atmosferycznej oparty na sztucznej sieci neuronowej: zastosowanie do danych MERIS. Ocean Remote Sensing and Applications. doi:10.1117/12.467293

- Krasnopolsky, V. M. (n.d.). Neural Network Applications to Solve Forward and Inverse Problems in Atmospheric and Oceanic Satellite Remote Sensing. Artificial Intelligence Methods in the Environmental Sciences, 191-205. doi:10.1007/978-1-4020-9119-3_9

- Pasika, H., Haykin, S., Clothiaux, E., & Stewart, R. (n.d.). Sieci neuronowe do fuzji czujników w teledetekcji. IJCNN'99. Międzynarodowa Wspólna Konferencja w sprawie Sieci Neuronowych. Postępowanie (nr kat. 99CH36339). doi:10.1109/ijcnn.1999.833519.

Rozdział 9 Teledetekcja roślinności

Wprowadzenie

Według Natural Resources Canada (2008) teledetekcja jest nauką i sztuką pozyskiwania informacji (spektralnych, przestrzennych i czasowych) o obiektach materialnych, obszarze lub zjawisku, bez fizycznego kontaktu z tymi obiektami, obszarem lub zjawiskiem.

Wyczuwalne na odległość informacje o wzroście, wigorze i ich dynamice pochodzące z roślinności lądowej mogą dostarczyć niezwykle użytecznych informacji do zastosowań w monitorowaniu środowiska, ochronie różnorodności biologicznej, rolnictwie, leśnictwie, miejskiej infrastrukturze ekologicznej i innych powiązanych dziedzinach. W szczególności tego rodzaju informacje stosowane w rolnictwie stanowią nie tylko obiektywną podstawę (w zależności od rozdzielczości) do makro- i mikroekonomicznego zarządzania produkcją rolną, ale także w wielu przypadkach informacje niezbędne do oszacowania plonów upraw (Mulla, 2013).

Dane teledetekcyjne są sprawdzonym źródłem informacji do szczegółowej charakterystyki typu roślinności (Luther i in., 2006), oraz stanu (Rossini i in., 2006; Wulder i in., 2006).

Charakterystyka spektralna roślinności różni się w zależności od długości fali. Według Samvedana (2007), związek w liściach zwany chlorofilem silnie absorbuje promieniowanie w czerwonej i niebieskiej długości fali, ale odbija zieloną długość fali, a wewnętrzna struktura zdrowych liści działa jak rozproszony reflektor o długości fali bliskiej podczerwieni. Odbicie różni się w zależności od długości fali dla większości materiałów, ponieważ energia na niektórych długościach fal jest rozproszona lub pochłaniana w różnym stopniu. Te wahania współczynnika odbicia są widoczne w przypadku spektralnych krzywych odbicia (wykresy współczynnika odbicia w zależności od długości fali) dla różnych materiałów. Właściwości biometryczne roślinności w różnych długościach fal widma elektromagnetycznego mogą być analizowane, jak również wykorzystywane do modelowania i symulacji procesów biofizycznych (Jarocinska i Zagajewski, 2006).

Możliwość zastosowania teledetekcji i jej różnych VI wyodrębnionych z tych technik zależy zazwyczaj w dużej mierze od przyrządów i platform w celu określenia, które rozwiązanie najlepiej nadaje się do uzyskania konkretnego problemu.

Teledetekcja w naukach botanicznych

Teledetekcja i system informacji geograficznej to potężna technologia w badaniach roślin i ich środowiska. Mogą być one wykorzystywane do badania rozmieszczenia siedlisk gatunków, jak również ich przydatności na danym obszarze. Model rozmieszczenia gatunków (SDM) znany również jako modelowanie niszowe, modelowanie siedlisk, modelowanie obwiedni klimatu itp. Dane teledetekcyjne nie są w stanie łatwo zidentyfikować gatunku rośliny, potrzebują istniejących danych środowiskowych i przestrzennych do określenia potencjalnych miejsc rozmieszczenia. Uwzględniono by wiele czynników, chociaż dokładny wybór zależy od dostępności danych (Young i in., 2013).

Teledetekcja i technologia GIS mogą być również stosowane przy inwentaryzacji roślin leczniczych i aromatycznych. Takie technologie zostały wykorzystane do określenia przydatności miejsca. Obszary nieuprawne lub nieużytki, które mogą być uprawiane, są identyfikowane w celu określenia odpowiednich miejsc. Do takich analiz potrzebne są dane satelitarne wraz z czynnikami klimatycznymi, charakterystyką gleby. Pozwoli nam to na określenie i prowadzenie bazy danych takich miejsc, w których można rozpocząć uprawę i zarządzanie. Pomoże to przezwyciężyć ręczne badania i inwentaryzację, które zostały przeprowadzone wcześniej w celu identyfikacji miejsc (Ollinger, 2011).

Teledetekcja działa na wiedzę o tym, jak promieniowanie słoneczne wchodzi w interakcję z różnymi materiami, wytwarzając refleksy. Każda materia wchodzi w interakcję w inny sposób i wytwarza własną sygnaturę. Liście roślin mają niski współczynnik odbicia w widocznych obszarach spektralnych z powodu chlorofilu i wysoki współczynnik odbicia w obszarze bliskiej podczerwieni z powodu wewnętrznego rozproszenia. Gdy z powodu chorób zachodzą zmiany fizjologiczne, zmienia się również wzór odbicia. Wtedy każda roślina uprawna i każda roślinność ma charakterystyczny znak, który pozwala na jej dyskryminację. Zakażenie szkodnikami na dużą skalę można łatwo określić przy pomocy technik teledetekcji. Wskaźniki roślinności, takie jak NDVI, pomagają w określaniu stanu stresu wegetacyjnego (Chance et al., 2016).

Mapowanie roślinności

Zmiany w użytkowaniu i pokryciu terenu można określić za pomocą techniki teledetekcji. Doprowadziło to do zidentyfikowania i mapowania dominujących typów lasów, typów pokrycia terenu, a także roślinności nieleśnej. Zdjęcia satelitarne mogą być przetwarzane i analizowane w celu mapowania różnych roślin dominujących na danym obszarze. Różne wskaźniki bogactwa roślinności można podzielić na roślinność gęstą, umiarkowaną, mniej gęstą, otwartą. Można określić dalszy obszar zajmowany przez każdą klasę roślinności. Nowy system mapowania roślinności leśnej pozwala na określenie wielkości koron drzew, ich wysokości oraz współczynnika odbicia koron drzew. Możliwe jest również określenie zmian roślinności na dużą skalę. Obecny stan roślinności pomaga w odtworzeniu i ochronie roślinności (Atkinson i in., 2014).

Zmiany w roślinności i teledetekcja

Zmiana wegetacji, która sięga od wrastania pojedynczego drzewa do całego wylesiania przez karczowanie. To, czy jesteśmy w stanie wykryć i monitorować zmiany w roślinności za pomocą danych z teledetekcji, zależy od przestrzennej i czasowej charakterystyki zmiany oraz rodzaju danych z teledetekcji, które mają być wykorzystywane. Dlatego ważne jest, aby przed analizą danych z teledetekcji zrozumieć charakter zmian w roślinności (Dandan & Wenlong, 2009).

Prawdopodobnie wylesianie jest jednym z najczęstszych rodzajów zmian w roślinności, które mogą być łatwo wykryte i odwzorowane przez dane z teledetekcji satelitarnej. W przeciwieństwie do regionów tropikalnych, gdzie pozyskiwanie drewna jest główną przyczyną wyrębu lasów, ekspansja wykorzystania gruntów w rolnictwie oraz rozwój terenów pod zabudowę mieszkaniową i przemysłową są podstawowymi czynnikami wymuszającymi wylesianie w północno-wschodniej Azji. Ponieważ roślinność zielona ma wyraźne cechy spektralne, wykrywanie i mapowanie takiego wylesiania może być skutecznie realizowane bez większych trudności za pomocą zdjęć satelitarnych. Pustynnienie jest kolejną formą poważnych zmian w roślinności, które można zaobserwować w tym regionie. Dokładna wielkość i rozmieszczenie nowo utworzonego obszaru pustynnego może być cenną informacją dla zarządzania środowiskiem i zasobami naturalnymi (Quan et al., 2011).

Ogień na dużą skalę może spowodować dramatyczne zmiany w roślinności w stosunkowo krótkim czasie, dlatego też jest on prawie niewykrywalny podczas pożaru. Dane z teledetekcji satelitarnej są jednak często wykorzystywane do oceny szkód wyrządzonych przez pożar oraz do monitorowania późniejszego procesu odbudowy. Zmiany w roślinności powodowane przez choroby lub inwazje owadów są często głównym problemem dla zarządzających zasobami naturalnymi. Szkody leśne powodowane przez choroby lub owady różnią się w zależności od stadium zarażenia. We wczesnym stadium może być nieco trudno znaleźć jakiekolwiek zauważalne objawy, nawet na poziomie oczu ludzkich na ziemi. Zmiany fizjologiczne w organizmach liści mogą mieć coś wspólnego z odbiciem w pewnych pasmach długości fal. Kiedy infestacja jest w pełni rozwinięta, powłoka baldachimu jest prawie pozbawiona blasku lub okazuje się być kolorowa. Takie zmiany w koronie drzewa można wyraźnie odróżnić od zdrowego baldachimu na wielospektralnych zdjęciach satelitarnych, chociaż identyfikacja typu choroby lub owada jest kolejnym tematem do rozwiązania (Feng i in., 2014).

Zmiany klimatyczne, kwaśne deszcze i zanieczyszczenie powietrza są obecnie uważane za czynniki wpływające na zmianę struktury i dynamiki roślinności. Zmiany w roślinności powodowane przez takie czynniki środowiskowe mogą mieć różne konsekwencje w różnych skalach czasowych i przestrzennych. W przypadku sezonowego wystąpienia poważnej suszy, stres związany z koronami roślin może być oczywisty w porównaniu z normalnym stanem z lat poprzednich. Z drugiej strony, wpływ czynnika środowiskowego może mieć stosunkowo powolne reakcje, które ujawniają bardzo subtelne zmiany roczne. Skład gatunkowy, gęstość obsady, biomasa i produkcja pierwotna są głównymi parametrami opisującymi strukturę i dynamikę zbiorowiska roślinnego. Szczegółowość informacji związanych z charakterystyką biofizyczną roślinności zależy od rodzaju zdalnych czujników i metod analizy danych (Funian i in., 2013).

Wskaźniki teledetekcji i wskaźniki roślinności

Jednym z wpływowych narzędzi w badaniu rangelandów i pokrywy roślinnej jest teledetekcja i wykorzystanie danych satelitarnych. Zdalna teledetekcja i wskaźniki roślinności w zarządzaniu zasobami naturalnymi, w szczególności rangelandami, daje możliwość zbierania informacji o parametrach roślinności w celu oceny szerokiego zakresu obszarów (Bastin &Ludwig, 2006).

Wskaźniki roślinności (VI) łączą pomiary reflektancji z różnych części widma elektromagnetycznego w celu dostarczenia informacji o pokryciu roślinności na ziemi (ampbell, 1996).

Te VI to radiometryczne mierniki przestrzennych i czasowych wzorców aktywności fotosyntetycznej roślin, które są związane z biosyntetycznymi zmiennymi baldachimowymi, takimi jak wskaźnik powierzchni liści (LAI), frakcyjna pokrywa roślinna i biomasa (Richardson i in., 1992).

Wskaźnik roślinności został wykorzystany jako podstawowe źródło informacji związanych z charakterystyką biofizyczną roślinności na dużym obszarze geograficznym (Eidenshink, 1992; Loveland et al., 1991; Townshend and Justice, 1986). Wskaźnik roślinności, pochodzący z danych teledetekcyjnych, jest wykorzystywany jako pojedyncza miara takich cech charakterystycznych okapu jak biomasa, produktywność, wskaźnik powierzchni liści, fotosyntetycznie czynne promieniowanie lub zamknięcie okapu (Larsson, 1993).

Zdalne wykrywanie roślinności odbywa się głównie poprzez uzyskiwanie informacji o odbiciu fal elektromagnetycznych od zadaszenia za pomocą czujników pasywnych. Wiadomo, że współczynnik odbicia widm światła od roślin zmienia się wraz z rodzajem rośliny, zawartością wody w tkankach i innymi nieodłącznymi czynnikami (L. Chang i in., 2016).

Współczynnik odbicia od roślinności do widma elektromagnetycznego (spektralny współczynnik odbicia lub charakterystyka emisji roślinności) jest określany na podstawie charakterystyki chemicznej i morfologicznej powierzchni organów lub liści (Zhang & J. Kovacs, 2012).

Główne zastosowania zdalnej detekcji roślinności opierają się na następujących spektrach światła (Bin Abdul Rahim i in., 2016; Cruden i in., 2012):

- Zakres promieniowania ultrafioletowego (UV), który wynosi od 10 do 380 nm.
- Widma widoczne, które składają się z regionów długości fali niebieskiej (450-495 nm), zielonej (495-570 nm) i czerwonej (620-750 nm)
- Pasmo bliskiej i średniej podczerwieni (850-1700 nm)

Współczynnik emisyjności powierzchni liści (równoważny współczynnikowi absorpcji w paśmie fal cieplnych) w pełni rozwiniętej zielonej rośliny bez stresu biotycznego lub biotycznego mieści się zazwyczaj w zakresie 0,96-0,99 i częściej mieści się w przedziale 0,97-0,98 (Hatfield i in., 2005).

Emisyjność roślinności w regionach bliskiej i średniej podczerwieni była szeroko badana w ramach okapów roślinnych. Wskaźniki uzyskane z tego zakresu widm światła można przypisać szeregowi cech wykraczających poza wzrost i kwantyfikację wigoru roślin, związanych m.in. z zawartością wody, pigmentów, cukru i węglowodanów, zawartości białka i związków aromatycznych (Batten, 1998; Foley i in., 1998).

Różne zastosowania są zależne od szczytów odbicia lub podtekstów dla poszczególnych związków w zakresie widm światła widzialnego i bliskiej/średniej podczerwieni (Burns & Ciurczak, 2007). Refleksyjność roślin w termicznym zakresie widm podczerwieni (8-14 m) jest zgodna z prawem dotyczącym promieniowania ciała czarnego (Karwa, 2017), które pozwala interpretować emisję roślin jako bezpośrednio związaną z temperaturą roślin. W związku z tym wskaźniki otrzymane z tego zakresu widm mogą być wykorzystane jako wskaźnik zastępczy do oceny dynamiki stomaty, która reguluje tempo transpiracji roślin. Dlatego też późniejsze wskaźniki mogą być stosowane jako wskaźnik stanu wód roślinnych (Prashar & Jones, 2016; Fuentes et al., 2012) oraz poziomu stresu biotycznego/biotycznego (Mahlein et al., 2012; Oerke et al., 2014).

Wskaźniki roślinności i proces walidacji

Dzięki zastosowaniu oprzyrządowania spektralnego o wysokiej rozdzielczości wzrasta liczba pasm uzyskiwanych dzięki teledetekcji, a pasmo staje się coraz węższe (Honkavaara i in., 2013). Jednym z najczęściej stosowanych i wdrażanych wskaźników obliczanych na podstawie informacji wielospektralnych jako znormalizowany stosunek pomiędzy pasmem czerwonym a pasmem bliskiej podczerwieni jest Wskaźnik Znormalizowanej Różnicy Roślin (NDVI) (Karnieli i in., 2010). Bezpośrednim zastosowaniem NDVI jest charakteryzowanie wzrostu lub wigoru baldachimu, dlatego też wiele badań porównało go z Indeksem Powierzchni Liści (LAI) (Sripada i in., 2005), gdzie LAI jest definiowany jako powierzchnia jednostronnych liści na powierzchnię gleby (Zhang i in., 2012).

Informacje o roślinności z obrazów teledetekcyjnych są interpretowane głównie przez różnice i zmiany w charakterystyce widmowej zielonych liści roślin i baldachimu. Najczęstszym procesem walidacji są bezpośrednie lub pośrednie korelacje pomiędzy otrzymanymi VIs a cechami roślinności będącymi przedmiotem zainteresowania mierzonymi in situ, takimi jak pokrycie roślinnością, LAI, biomasa, wzrost i ocena wigoru. Do oceny VI stosuje się bardziej ugruntowane metody, stosując metody bezpośrednie i georeferencyjne, poprzez monitorowanie roślin wskaźnikowych, w celu porównania ich z VI otrzymanymi z tych samych roślin do celów kalibracji (Ganeshamurthy i in., 2016).

Podsumowanie

Teledetekcja funkcji i cech roślinności znacznie zwiększyła zdolność do uzyskiwania użytecznych ilości biochemicznych, fizjologicznych i strukturalnych roślin w różnych skalach przestrzennych i czasowych. Jednak przełożenie sygnałów teledetekcyjnych na znaczące deskryptory funkcji i cech roślinności nadal wiąże się z dużą niepewnością ze względu na złożone interakcje pomiędzy liśćmi, okapem i podłożem atmosferycznym, a także z istotnymi wyzwaniami w leczeniu czynników zakłócających relacje widmo-cecha.

Wskaźniki roślinności (VIs) uzyskiwane z zadaszeń opartych na teledetekcji są dość prostymi i skutecznymi algorytmami do ilościowej i jakościowej oceny pokrywy roślinnej, wigoru i dynamiki wzrostu, wśród innych zastosowań. Wskaźniki te zostały szeroko wdrożone w aplikacjach RS przy użyciu różnych platform powietrznych i satelitarnych, a w ostatnim czasie zostały udoskonalone przy użyciu Bezzałogowych Statków Latających (UAV - Unmanned Aerial Vehicles).

Referencje

- R. Karwa, "Laws of thermal radiation", w: Heat and Mass Transfer, str. 665-696, Springer, 2017.
- L. Chang, S. Peng-Sen i Liu Shi-Rong, "A review of plant spectral reflectance response to water physiological changes, "Chinese Journal of Plant Ecology, vol. 40, no. 1, pp. 80-91, 2016.
- Chance, C.M., Coops, N.C., Crosby, K., Aven, N., 2016. Spectral favelength selection and detection of two invasive plant species in an urban area.Can. J.Remote. Sens. 42: 27-40.
- H. R. Bin Abdul Rahim, M. Q. Bin Lokman, S. W. Harun et al., "Applied light-side coupling with optimized spiral-patterned zinc oxide nanorod coatings for multiple optical channel alcohol vapor sensing," Journal of Nanophotonics, vol. 10, no. 3,Artykuł ID 036009, 2016.

▪ A. Prashar i H. G. Jones, "Assessing drought responses using thermal infrared imaging", Methods in Molecular Biology, vol.1398, s. 209-219, 2016.

▪ A. N. Ganeshamurthy, V. Ravindra, R. Venugopalan, M.Mathiazhagan i R. M. Bhat, "Biomass distribution and development of allometric equations for non-destructive estimation of carbon sequestration in grafted mango trees", Journal of Agricultural Science, vol. 8, no. 8, 201 pages, 2016.

▪ F. Li, Y. Miao, G. Feng et al., "Improving estimation of summer maize nitrogen status with red edge-based spectral vegetation indices," Field Crops Research, vol. 157, s. 111-123, 2014.

▪ E.-C. Oerke, A.-K. Mahlein, i U. Steiner, "Proximal sensing of plant diseases," in Detection And Diagnostics of Plant Pathogens, pp. 55-68, Springer, 2014.

▪ Atkinson, J.T., Ismail, R., Robertson, M., 2014. Mapowanie inwazji bakłażana (Solanum mauritianum) na plantacjach Pinus patula przy użyciu hiperspektralnych obrazów i wektorów wspomagających. Sel. Góra. Appl. Earth Obs. Remote Sens. IEEE J. 7:17-28.

▪ E. Honkavaara, H. Saari, J. Kaivosoja et al., "Processing and assessment of spectrometric, stereoscopic images collected using a lightweight UAV spectral camera for precision agriculture," Remote Sensing, tom 5, nr 10, s. 5006-5039, 2013.

▪ D. J. Mulla, "Dwadzieścia pięć lat teledetekcji w rolnictwie precyzyjnym: kluczowe postępy i pozostałe luki w wiedzy", Biosystems Engineering, tom 114, nr. 4, s. 358-371, 2013.

▪ Young, K.E., Abbott, L.B., Caldwell, C.A., Schrader, T.S., 2013.Oszacowanie odpowiednich środowisk dla inwazyjnych gatunków roślin na dużych obszarach: strategia teledetekcji przy użyciu Landsat 7 ETM+. Int. J. Biodwery. Conserv. 5:122–134.

▪ Z. Funian, Z.Hong, C. Jiayu, W. Ruijun, i Y. Fuklin, "Preliminary investigation on difference of crop water stress index baseline formaize", Chinese Agricultural Science Bulletin, vol. 29, s. 46-53, 2013.

- C. Zhang i J. M.Kovacs, "Zastosowanie małych bezzałogowych systemów powietrznych w rolnictwie precyzyjnym: przegląd", Rolnictwo precyzyjne, t. 13, nr 6, s. 693-712, 2012.
- S. Fuentes, R. de Bei, J. Pech i S. Tyerman, "Computational water stress indices obtained from thermal image analysis of grapevine canopies", Irrigation Science, vol. 30, no. 6, pp. 523-536, 2012.
- B. Zhang, D. Wu, L. Zhang, Q. Jiao, i Q. Li, "Zastosowanie hiperspektralnego teledetekcji do monitorowania środowiska w obszarach górniczych" Environmental Earth Sciences, tom 65, nr. 3, s. 649-658, 2012.
- B. A. Cruden, D. Prabhu i R. Martinez, "Absolute radiation measurement in venus and mars entry conditions," Journal of Spacecraft and Rockets, vol. 49, no. 6, pp. 1069-1079, 2012.
- A.-K. Mahlein, E.-C. Oerke, U. Steiner, i H.-W. Dehne, "Recent advances in sensing plant diseases for precision crop protection", European Journal of Plant Pathology, vol. 133, no. 1,pp. 197–209, 2012.
- Z. Quan, Z. Xianfeng i J. Miao, "Szacowanie zmiennych eko-środowiskowych na podstawie danych teledetekcyjnych i oceny eko-środowiskowcj: modclc i systcm", Acta Botanica Sinica, t. 47, str. 1073 1080, 2011.
- Ollinger, S.V., 2011.Źródła zmienności współczynnika odbicia okapu i zbieżności właściwości roślin. Nowy Phytol. 189:375–394.
- A. Karnieli, N. Agam, R. T. Pinker et al., "Use of NDVI and land surface temperature for drought assessment: merits and limitations," Journal of Climate, vol. 23, no. 3, s. 618-633, 2010.
- X. Dandan i L. Wenlong, Vegetation Index Controlling The Influence of Soil Reflection, Department of Pastrol Agricultural Science and Technology, 2009.
- Zasoby naturalne Kanada (2008). Podstawy Teledetekcji.ww.nrcan.gc.ca. (Dostęp uzyskano 9 kwietnia 2011 r.).
- Samvedan, S. (2007). Remote Sensing & Gis: Knowledge Resources for Remote Sensing & GIS.

- D. A. Burns and E. W. Ciurczak, Handbook of Near-Infrared Analysis, CRC Press, 2007.

- Luther, J. E., R. A. Fournier, D. E. Piercey, L. Guindon i R. J. Hall (2006).Mapowanie biomasy z wykorzystaniem typu i struktury lasu na podstawie zdjęć Landsat TM. International Journal of Applied Earth Observations and Geoinformation. 8, 173-187.

- Rossini, M., C. Panigada, M. Meroni i R. Colombo (2006). Assessment of oak forest condition based on leaf biochemical variables and chlorophyll fluorescence. Tree Physiology. 26, 1487-1496.

- Wulder, M. A., J. C. White, B. Bentz, M. F. Alvarez i N. C. Coops (2006).Oszacowanie prawdopodobieństwa obrażeń od ataku czerwonego chrząszcza górskiego. Remote Sensing of Environment. 101, 150-166.

- Jarocińska, A. i B. Zagajewscy (2006). Narzędzia teledetekcyjne do analizy stanu roślinności na ekstensywnie użytkowanych obszarach rolniczych. Uniwersytet Warszawski, K Krakowskie Przedmieście 30, 00-927 Warszawa, Polska.

- Bastin, G.N. i J.A. Ludwig, 2006. Problemy i perspektywy mapowania stanu roślinności w australijskich jałowych ziemiach. Eko. Man. and Rest.,7: 71-74. DOI: 10.1111/j.1442-8903. 2006. 293 4.x.

- J. Hatfield, J. Baker i T. J. Arkebauer, "Leaf radiative properties and the leaf energy budget", w: Micrometeorology in Agricultural Systems, Agronomy Monograph, American Society of Agronomy, Crop Science Society of America, and Soil Science Society of America, Madison,Wis, USA, 2005.

- R. P. Sripada, R.W. Heiniger, J. G. White i R. Weisz, "Aerial color infrared photography for determining late-season nitrogen requirements in corn", Agronomy Journal, t. 97, nr. 5, s. 1443-1451, 2005.

- W. J. Foley, A. McIlwee, I. Lawler, L. Aragones, A. P. Woolnough, i N. Berding, "Ekologiczne zastosowania spektroskopii refleksyjnej w bliskiej podczerwieni - narzędzie do szybkiego, ekonomicznego przewidywania składu tkanek roślinnych i zwierzęcych oraz aspektów funkcjonowania zwierząt", Oecologia, t. 116, nr. 3, str. 293-305,1998.

- G. D. Batten, "Plant analysis using near infrared reflectance spectroscopy": The potential and the limitations," Australian Journal of Experimental Agriculture, vol. 38, no. 7, pp. 697-706, 1998.

- Campbell, J.B., 1996. Wprowadzenie do teledetekcji.2 czerwony Edn. Guilford Press: Nowy Jork.

- Larsson, H., 1993. Regresja do szacowania pokrycia koron drzew w lasach akacjowych z wykorzystaniem danych Landsat TM, MSS i SPOT HRV XS, International Journal of Remote Sensing, 14(11):2129-2136.

- Loveland, T. R., J. W. Merchant, D. O. Ohlen, i J. F. Brown. 1991, Development of a land-cover characteristics database for the conterminous U.S. Photogrammetric Engineering and Remote Sensing, 57(11):1453-1463.

- Eidenshink, J. C., 1992. U.S. AVHRR z 1990 r., ostateczny zbiór danych. Photogrammetric Engineering and Remote Sensing, 58(6):809-813.

- Richardson, A.J., C.L. Wiegand, D.F. Wajura, D.Dusek i J.L. Steiner, 1992. Wielostanowiskowe analizy spektralno- biofizycznych danych dla sorgo. Rc. Sc. of En.,41: 71-82.

- Townshend J. R. G. i C. O. Justice, 1986. Analiza dynamiki wegetacji afrykańskiej z wykorzystaniem znormalizowanego różnicowego wskaźnika wegetacji. International Journal of Remote Sensing, 7(11):1435-1445.

Rozdział 10 Teledetekcja Biomasy

Wprowadzenie

Planeta Ziemia wyróżnia się spośród innych planet Układu Słonecznego dwoma głównymi kategoriami: Oceany i Roślinność Lądowa. Oceany pokrywają ~70% powierzchni Ziemi; ziemia obejmuje 30%. Na samym lądzie, kategorie pierwszego rzędu dzielą się w następujący sposób: Drzewa = 30%; Trawy = 30%; Śnieg i lód = 15%; Niewielka Skała = 18%; Piasek i Skała Pustynna = 7%. Teledetekcja okazała się skutecznym "narzędziem" do oceny tożsamości, cech i potencjału wzrostu większości rodzajów materii wegetatywnej na kilku poziomach (od biomów do poszczególnych roślin) (Sarker i in., 2013).

Teledetekcja może być szeroko rozumiana jako zbieranie i interpretowanie informacji o obiekcie, obszarze, a nawet bez fizycznego kontaktu z obiektem. Statki powietrzne i satelity to wspólne platformy teledetekcji Ziemi i jej zasobów naturalnych. Fotografia lotnicza w widocznej części długości fal elektromagnetycznych była oryginalną formą teledetekcji, ale rozwój technologiczny umożliwił zbieranie informacji na innych długościach fal, w tym w bliskiej podczerwieni, podczerwieni termicznej i mikrofalowej. Zbieranie informacji na dużej liczbie pasm długości fali jest określane jako dane wielospektralne lub hiperspektralne. Opracowanie i rozmieszczenie załogowych i bezzałogowych satelitów usprawniło gromadzenie danych teledetekcyjnych i oferuje niedrogi sposób pozyskiwania informacji na dużych obszarach (Meng i in., 2017).

Lasy odgrywają ważną rolę w obiegu węgla, a produktywność ekosystemów leśnych można ocenić poprzez ocenę ich biomasy. Ocena biomasy pomaga w określeniu i zrozumieniu zmian w ekosystemach leśnych (Wang i in., 2016).

Biomasa, w odniesieniu do kwestii biomasy leśnej, wyrażona jako sucha masa materii organicznej, jest ważnym wskaźnikiem potencjału energetycznego i produktywności ekosystemu. Biomasa obejmuje na ogół masę żywą na powierzchni i pod powierzchnią ziemi, taką jak drzewa, krzewy, winorośl, korzenie oraz masę martwą drobnej i grubej ściółki związanej z glebą (Baccini i in., 2008).

Ekosystem leśny odgrywa ważną rolę w globalnym obiegu węgla, ponieważ przyczynia się do 80 % biomasy naziemnej. Jednakże wpływ zmian w użytkowaniu gruntów, w szczególności zmian w lasach tropikalnych, na cykl węglowy jest trudny do określenia i może prowadzić do niedoszacowania bilansu węgla (Davidson i Janssens, 2006).

Tradycyjne statystyki dotyczące biomasy leśnej oparte na zmierzonych danych wymagają wielu badań w terenie. Ze względu na charakter dużego obciążenia pracą, długiego cyklu i pewnych uszkodzeń fizycznych, tradycyjne metody nie sprzyjają badaniu rozkładu przestrzennego i zmian biomasy. Ponadto, problemy takie jak błędy przyrządów pomiarowych leśnictwa w praktyce zwiększają trudności w szacowaniu biomasy leśnej na powierzchni ziemi w badanej skali obszaru. Jednak wraz z szybkim rozwojem technologii teledetekcji, zapewnia ona szybki, ekonomiczny i wygodny sposób szacowania biomasy leśnej na dużą skalę i jej dynamicznej zmiany przez długi czas badań (Moeckel i in., 2017).

Znaczenie Biomasy dla cyklu węglowego

Biomasa jest przedmiotem zainteresowania z wielu powodów. Jest ona ważna dla sektora energetycznego, ponieważ jest odnawialna i stanowi surowiec do produkcji żywności i paliw stałych (Muukkonen, 2007).

W perspektywie cyklu węglowego i zmian klimatu, biomasa zyskuje na znaczeniu z dwóch głównych powodów. Po pierwsze, biomasa w ekosystemie określa ilość węgla, która w przypadku wystąpienia zakłóceń będzie emitowana do atmosfery w postaci dwutlenku węgla, tlenku węgla lub metanu. Po drugie, jest ona wykorzystywana do usuwania węgla, który jest już dostępny w atmosferze. Dodatkowo, połowa ilości biomasy jest mniej więcej równa ilości węgla w roślinności (Dubayah et al., 2010).

Biomasa na ziemi tworzy pochłaniacze węgla zwane "basenami węglowymi". Baseny węglowe w ekosystemie lądowym można podzielić na pięć (Ghasemi i in., 2011):

- Biomasa naziemna
- Martwe drewno
- Ściółka
- biomasa podziemna
- węgiel glebowy

Substancja organiczna w glebie zawiera na ogół około trzy razy więcej węgla niż biomasa, ale węgiel ten w glebie jest fizycznie i chemicznie chroniony i nie utlenia się łatwo (Davidson i Janssens, 2006). Niemniej jednak, biomasa naziemna może być łatwo uwalniana do atmosfery w procesach takich jak pożar, wycinka drzew, zmiana sposobu użytkowania gruntów, szkodniki itp.

Teledetekcja produkcji biomasy

Zielone rośliny mają unikalną krzywą spektralnego odbicia. W widocznej części widma rośliny silnie absorbują światło w rejonach niebieskim (0,45μ m) i czerwonym (0,67nm) oraz silnie odbijają w zielonej części widma ze względu na obecność chlorofilu. W przypadku, gdy roślina jest narażona na stres lub stan utrudniający wzrost, produkcja chlorofilu zmniejszy się. A to z kolei prowadzi do mniejszej absorpcji w pasmach niebieskim i czerwonym. W bliskiej podczerwieni części widma (0,7 - 1,3μm) współczynnik odbicia zielonej rośliny wzrasta do 40 - 50% padającego światła. Powyżej 1,3μm w krzywej reflektancji występują spadki spowodowane absorpcją przez wodę w liściach (Lumbierres i in., 2017).

Różnicowe odbicie roślin zielonych w widzialnej i podczerwonej części widma umożliwia wykrycie roślin zielonych z satelitów. Inne cechy na powierzchni ziemi nie mają tak wyjątkowego skokowego charakteru w zakresie 0,65 - 0,75μm krzywej reflektancji.

Mapowanie biomasy za pomocą teledetekcji

Dokładne oszacowanie biomasy leśnej ma kluczowe znaczenie dla wielu zastosowań, od monitorowania dostępności drewna opałowego (Masera i in., 2006) do zmniejszania niepewności w globalnym modelowaniu węgla (C) (Henry, 2010; Houghton, 2005).

Zasoby biomasy na danym obszarze można oszacować w oparciu o ocenę obszaru różnych sposobów użytkowania gruntów i związane z tym zagęszczenie biomasy. W większości krajów rozwiniętych ocena obszaru użytkowania gruntów opiera się na pomiarach terenowych, a zasoby biomasy są szacowane na podstawie krajowej inwentaryzacji lasów (Waggoner, 2009).

Znaczenie Biomasy naziemnej

Dokładne pomiary i mapowanie biomasy jest kluczowym elementem kwantyfikacji zasobów węgla, oceny wpływu na zmianę klimatu, przydatności i lokalizacji zakładów przetwarzania bioenergii, oceny paliwa na wypadek pożarów lasów oraz oceny drewna nadającego się do sprzedaży. Podczas gdy biomasa naziemna zawiera zarówno żywy, jak i martwy materiał roślinny, większość ostatnich wysiłków badawczych dotyczących szacowania biomasy skupiła się na składniku "żywym" (żywych drzewach) ze względu na jego znaczenie. Dokładne szacunki dotyczące biomasy są warunkiem wstępnym lepszego zrozumienia wpływu wylesiania i degradacji środowiska na zmianę klimatu (Feng i in., 2017).

Szacunki dotyczące biomasy naziemnej stanowią główną podstawę wykazów emisji dwutlenku węgla i większości międzynarodowych negocjacji w ramach systemów handlu uprawnieniami do emisji dwutlenku węgla. Rynki handlu uprawnieniami do emisji dwutlenku węgla wymagają długoterminowych informacji na temat zasobów węgla, w szczególności na temat naziemnego "żywego" składnika biomasy, ponieważ jest to najbardziej dynamiczny, zmienny i możliwy do manipulowania składnik wszystkich puli biomasy. Jest to "handlowy" składnik biomasy.

Biomasa leśna na powierzchni ziemi stanowi od 70% do 90% całkowitej biomasy leśnej. Substancja organiczna w glebie zawiera dwa do trzech razy więcej węgla niż biomasa w skali globalnej; znaczna część węgla w glebie jest bardziej chroniona i nie jest łatwo utleniana. Z drugiej strony, biomasa naziemna znajduje się w ciągłym stanie przepływu w wyniku pożarów, wyrębu, burz, zmian w użytkowaniu gruntów itp. i tym samym w znacznie większym stopniu przyczynia się do atmosferycznych przepływów węgla, a więc ma znacznie większe znaczenie. Ze względu na tę dynamikę naziemnej biomasy konieczne jest jej ciągłe monitorowanie, a nie dokonywanie jednorazowych pomiarów i zapominanie (Houghton i in., 2009).

Dziki ogień i gospodarka paliwowa stają się coraz ważniejszą częścią gospodarki leśnej. Biomasa leśna, a w szczególności biomasa koronowa i składnik suchej ściółki, są ważnymi czynnikami w każdym modelu pożarowym. Tradycyjnie biomasa koronowa była składnikiem zaniedbanym, ponieważ znacznie większy nacisk kładziono na składnik handlowy drzew, jednak w związku z tym, że ogień odgrywa ważniejszą rolę w planowaniu środowiskowym, ten składnik biomasy zyskał na znaczeniu.

Biomasa jest również bardzo bogatym źródłem energii, które jest szeroko stosowane na całym świecie. Jej atrakcyjność polega na tym, że jest paliwem odnawialnym. Zasoby biomasy są jednak rozproszone w wielu regionach geograficznych, a ich właściwości w zakresie produkcji energii różnią się w przestrzeni i czasie. Ponadto, bardzo często zasoby te są zlokalizowane daleko od ośrodków, w których wymagana jest produkcja energii. Ze względu na ten związek między rozmieszczeniem w przestrzeni i czasie oraz centrami wymagań, ważne jest posiadanie dokładnych i spójnych metod pomiarowych dla biomasy w celu oceny wykonalności produkcji energii z biomasy (Awaya i in., 2017).

Metody oceny biomasy naziemnej

Biomasa naziemna może być mierzona lub szacowana zarówno destrukcyjnie, jak i nieniszcząco. W metodzie destrukcyjnej, czasami znanej również jako metoda zbioru, drzewa są faktycznie ścinane i ważone. Czasami wycina się wybraną próbę drzew i na jej podstawie dokonuje się szacunków dla całej populacji, szczególnie w przypadku gdy istnieje jednorodność w wielkości drzew. Niszczycielska metoda szacowania biomasy jest ograniczona do niewielkiej powierzchni ze względu na destrukcyjny charakter, czas, koszty i nakład pracy. Nie jest ona również odpowiednia tam, gdzie może występować zagrożona flora i fauna (Liu i in., 2017).

Metody nieniszczące obejmują szacowanie oparte na równaniach alometrycznych lub za pomocą obrazów zdalnych. Równania alumetryczne zostały opracowane przy użyciu trzech wymiarów (Basuki i in., 2009), takich jak średnica na wysokości piersi i wysokość drzewa; nie są one jednak bardzo przydatne w lasach niejednorodnych. Równania alometryczne są najbardziej przydatne w lasach jednorodnych lub plantacjach o podobnym wieku drzewostanów.

Rola teledetekcji w mapowaniu biomasy naziemnej

Chociaż biomasa pochodząca z pomiarów danych terenowych jest najdokładniejsza, nie jest to praktyczne podejście do oceny na szeroką skalę. To właśnie w tym przypadku teledetekcja ma kluczową przewagę. Może ona dostarczyć danych na dużych obszarach przy ułamku kosztów związanych z pobieraniem dużych próbek i umożliwia dostęp do niedostępnych miejsc. Dane z satelitów teledetekcyjnych są dostępne w różnych skalach, od lokalnych do globalnych, oraz z wielu różnych platform. Istnieją również różne rodzaje danych, takie jak dane optyczne, radarowe i LiDAR, z których każdy ma pewne zalety w porównaniu z innymi (Kumar i in., 2015).

Radar teledetekcja zyskała w ostatnich latach na znaczeniu w szacowaniu biomasy naziemnej ze względu na zdolność penetracji chmur, jak również szczegółowe informacje o strukturze roślinności (Kumar i in., 2015).

Optyczne teledetekcje stanowią prawdopodobnie najlepszą alternatywę dla szacowania biomasy poprzez pobieranie próbek w terenie ze względu na ich globalny zasięg, powtarzalność i efektywność kosztową. Dane z optycznego teledetekcji są dostępne na wielu platformach, takich jak Worldview, SPOT, Sentinel, Landsat i MODIS. Rozdzielczość przestrzenna waha się od mniej niż jednego metra do setek metrów. Dane z optycznych pomiarów teledetekcyjnych zostały wykorzystane przez wielu naukowców do oszacowania biomasy (Muukkonen i in., 2005).

LiDAR jest stosunkowo nową technologią, która znalazła uznanie w szacowaniu biomasy. Posiada ona możliwość próbkowania rozkładu pionowego powierzchni zadaszenia i gruntu, dostarczając szczegółowych informacji strukturalnych o roślinności. Prowadzi to do dokładniejszego oszacowania powierzchni podstawy, wielkości korony, drzewa ustanowiły silne korelacje pomiędzy parametrami LiDAR a biomasą naziemną (Saremi i in., 2014).

Podsumowanie

Tradycyjne metody szacowania biomasy do inwentaryzacji lasów często polegają na wykonywaniu pomiarów terenowych na powierzchniach próbnych, takich jak DBH lub maksymalna wysokość drzew. Metody te mogą być czasochłonne, kosztowne i pracochłonne. Ekstrapolacja pomiarów terenowych na wszystkie badane powierzchnie polega na reprezentatywnym pobieraniu próbek drzew w ramach danego typu pokrycia terenu i prawidłowej klasyfikacji pokrycia terenu na dużych powierzchniach. Słabość tradycyjnych metod szacowania biomasy polega na statystycznej ekstrapolacji z próbek na powierzchnię/pole oraz na stronniczości w doborze reprezentatywnych próbek. Dane teledetekcyjne mogą pomóc w poprawieniu dokładności tych szacunków biomasy. Stan metod teledetekcji dostarcza informacji przestrzennych istotnych dla scharakteryzowania przestrzennego rozkładu gęstości biomasy. Teledetekcja jest najdokładniejszym narzędziem do globalnych i regionalnych badań nad biomasą nie tylko ze względu na możliwość pomiaru dużych obszarów i podaży map ściennych, ale także możliwość okresowego pomiaru obszaru zainteresowania.

Referencje

- Liu, N.; Harper, R.; Handcock, R.; Evans, B.; Sochacki, S.; Dell, B.; Walden, L.; Liu, S. Sezonowy harmonogram szacowania łagodzenia skutków emisji dwutlenku węgla w odnowieniu opuszczonych gruntów rolnych za pomocą teledetekcji o wysokiej rozdzielczości przestrzennej. Remote Sens. 2017, 9, 545.

- Feng, Y.;Wu, J.; Zhang, J.; Zhang, X.; Song, C. Identifying the relative contributions of climate and pastwisk to both direction and magnitude of alpine grassland productivity dynamics from 1993 to 2011 on the Northern Tibetan Plateau. Remote Sens. 2017, 9, 136.

- Lumbierres, M.; Méndez, P.; Bustamante, J.; Soriguer, R.; Santamaría, L. Modelowanie produkcji biomasy na sezonowych mokradłach z wykorzystaniem fenologii powierzchni terenu MODIS NDVI. Remote Sens. 2017, 9, 392.

- Moeckel, T.; Safari, H.; Reddersen, B.; Fricke, T.; Wachendorf, M. Fusion of ultrasonic and spectral sensor data for improving the estimation of biomass in grasslands with heterogeneous sward structure. Remote Sens.2017, 9, 98.

- Awaya, Y.; Takahashi, T. Oceniając różnice w modelowaniu cech biofizycznych między liściastymi lasami iglastymi liściastymi i wiecznie zielonymi przy użyciu danych LiDAR o małej gęstości i małej powierzchni. Remote Sens. 2017,9, 572.

- Meng, B.; Ge, J.; Liang, T.; Yang, S.; Gao, J.; Feng, Q.; Cui, X.; Huang, X.; Xie, H. Ocena błędu inwersji teledetekcji dla naziemnej biomasy łąk alpejskich na podstawie danych satelitarnych pochodzących z wielu źródeł. Remote Sens. 2017, 9, 372.

- Wang, Q.; Pang, Y.; Li, Z.; Sun, G.; Chen, E.; Ni-Meister, W. Potencjał inwersji biomasy leśnej w oparciu o wskaźniki roślinności z wykorzystaniem wielokątnych danych CHRIS/PROBA. Remote Sens. 2016, 8, 891.

- Kumar, L.; Sinha, P.; Taylor, S.; Alqurashi, A.F. Review of the use of remote sensing for biomass estimation to support renewable energy generation. J. Appl. Remote Sens. 2015, 9.

- Saremi, H.; Kumar, L.; Stone, C.; Melville, G.; Turner, R. Sub-compartment variation in tree height, forest diameter and stocking in a Pinus. radiata D. Don plantation examined using airborne LiDAR data. Remote Sens.2014, 6, 7592-7609.

- Sarker, M.L.R.; Nichol, J.; Iz, H.B.; Ahmad, B.B.; Rahman, A.A. Oszacowanie biomasy leśnej z wykorzystaniem pomiarów tekstury danych SAR o podwójnej polaryzacji o wysokiej rozdzielczości. IEEE Trans. IEEE Trans. Geosci. Remote Sens. 2013,51, 3371-3384.

- Ghasemi N., Sahebi M. R., Mohammadzadeh A., 2011. A Review on Biomass Estimation Methods Using Synthetic Aperture Radar, International Journal of Geomatics and Geosciences 1(4): 776-88.

- Henry M: Zapasy węgla i dynamika w Afryce Subsaharyjskiej. PhD Thesis University of Tuscia, AgroParisTech/ENGREF; 2010 [http://www5.montpellier.inra.fr/ecosols/Recherche/these_et_hdr/these_de_matieu_henry].

- Dubayah R. O., Sheldon S. L., Clark D. B., Hofton M. A., Blair J. B., Hurtt G. C., Chazdon R. L., 2010.Estimation of Tropical Forest Height and Biomass Dynamics Using Lidar Remote Sensing at La Selva, Costa Rica, Journal of Geophysical Research 115: 1-17.

- Waggoner PE: Inwentaryzacja lasów: Rozbieżności i niepewność "The World's Forests: Projektowanie i wdrażanie skutecznych pomiarów i monitoringu". Waszyngton, DC: Resources for the Future; 2009.

- Basuki, T.M.; Van Laake, P.E.; Skidmore, A.K.; Hussin, Y.A. Równania alometryczne do szacowania biomasy naziemnej w tropikalnych nizinnych lasach dipterokarpowych. Dla. Ecol. Manag. 2009, 257, 1684–1694.

- Houghton, R.A.; Hall, F.; Goetz, S.J. Importing of biomass in the global carbon cycle. J. Geophys. Res.2009, 114.

- Baccini A, Laporte N., Goetz S. J., Sun M., Dong H., 2008. A First Map of Tropical Africa's Aboveground Biomass Derived from Satellite Imagery, Environmental Research Letters 3(4): 45011.

- Muukkonen P., 2007. Generalized Allometric Volume and Biomass Equations for Some Tree Species in Europe, European Journal of Forest Research 126(2): 157-66.

- Davidson E.A., Janssens I.A., 2006. Temperature Sensitivity of Soil Carbon Decomposition and Feedbacks to Climate Change, Nature 440(7081): 165-73.

- Masera O, Ghilardi A, Drigo R, Trossero MA: WISDOM: Narzędzie do mapowania popytu na paliwo drzewne w oparciu o GIS. Biomass & Bioenergy 2006, 30:618-637.

- Houghton RA: naziemna biomasa leśna i globalny bilans dwutlenku węgla. Global Change Biology 2005, 11:945-958.

- Muukkonen, P.; Heiskanen, J. Szacowanie biomasy dla lasów borealnych z wykorzystaniem danych satelitarnych ASTER w połączeniu z danymi inwentaryzacji lasów stojących. Zdalny czujnik. Środowisko. 2005, 99, 434–447.

Rozdział 11 Wybrane ogólne zastosowania teledetekcji

Wprowadzenie

Teledetekcja jest pomocna w badaniu typów roślinności. Interpretacja obrazów teledetekcyjnych pozwala fizycznym i biogeografistom, ekologom, badaczom rolnictwa i leśnikom łatwo wykryć, jaka roślinność występuje na określonych obszarach, jaki jest jej potencjał wzrostu, a czasem jakie warunki sprzyjają jej występowaniu. Ze względu na swoje różnorodne zastosowania i możliwość gromadzenia, interpretowania i manipulowania danymi na dużych, często trudno dostępnych, a czasem niebezpiecznych obszarach, teledetekcja stała się użytecznym narzędziem dla wszystkich geografów, niezależnie od ich stężenia.

Rolniczy

Rolnictwo odgrywa ważną rolę w gospodarkach krajów. Produkcja żywności jest ważna dla wszystkich, a produkcja żywności w sposób opłacalny jest celem każdego rolnika i każdej agencji rolnej. Satelity mają możliwość obrazowania poszczególnych pól, regionów i powiatów w częstym cyklu rewizyjnym. Klienci mogą otrzymywać informacje w terenie, w tym identyfikację upraw, określenie obszaru upraw oraz monitorowanie stanu upraw (zdrowia i rentowności). Dane satelitarne są wykorzystywane w rolnictwie precyzyjnym do zarządzania i monitorowania praktyk rolniczych na różnych poziomach. Dane te mogą być wykorzystywane do optymalizacji gospodarstw rolnych i przestrzennie umożliwiają zarządzanie operacjami technicznymi. Zdjęcia mogą pomóc w określeniu lokalizacji i zakresu stresu upraw, a następnie mogą być wykorzystane do opracowania i wdrożenia planu obróbki punktowej, który optymalizuje wykorzystanie środków chemicznych stosowanych w rolnictwie. Główne rolnicze zastosowania teledetekcji są następujące:

Roślinność

- Klasyfikacja typów upraw
- Ocena stanu upraw (monitorowanie upraw, ocena szkód)
- Oszacowanie wydajności upraw

Gleba

- Mapowanie charakterystyki gleby
- Mapowanie rodzaju gleby
- Erozja gleby
- Wilgotność gleby
- Mapowanie praktyk gospodarowania gruntami
- Monitorowanie zgodności (praktyki rolnicze)

Klasyfikacja typów upraw

Technologia teledetekcji może być wykorzystana do przygotowania map rodzaju upraw i określenia ich zasięgu. Tradycyjnymi metodami uzyskiwania tych informacji są spisy powszechne i badania terenowe. Zastosowanie satelitów jest korzystne, ponieważ mogą one generować systematyczne i powtarzalne pokrycie dużego obszaru oraz dostarczać informacji o stanie zdrowia roślinności. Dane dotyczące upraw są potrzebne agencjom rolnym do przygotowania spisu tego, co i kiedy było uprawiane na określonych obszarach. Informacje te służą do przewidywania plonów zbóż, gromadzenia danych statystycznych dotyczących produkcji roślinnej, ułatwienia prowadzenia rejestrów płodozmianu, sporządzania map produktywności gleby, identyfikacji czynników wpływających na stres upraw, oceny szkód w uprawach oraz monitorowania działalności rolniczej.

Istnieje kilka rodzajów systemów teledetekcji stosowanych w rolnictwie, ale najczęstszym z nich jest system pasywny, który wyczuwa energię elektromagnetyczną odbitą od roślin. Spektralne odbicie wegetacji zależy od rodzaju stadium, zmian w fenologii (wzrostu) i zdrowia roślin, a zatem może być mierzone i monitorowane przez czujniki wielospektralne. Wiele czujników teledetekcyjnych działa w zielonych, czerwonych i bliskich podczerwieni regionach widma EM, mierzą one zarówno efekty absorpcji jak i odbicia związane z roślinnością. Zmiany wielospektralne ułatwiają dość precyzyjne wykrywanie, identyfikację i monitorowanie roślinności. Obserwacja fenologii roślinności wymaga wieloczasowych obrazów (dane w częstych odstępach czasu przez cały sezon wegetacyjny). Różne czujniki (wielosensorowe) często dostarczają informacji uzupełniających, a po zintegrowaniu ze sobą mogą ułatwić interpretację i klasyfikację obrazów. Przykładem może być połączenie obrazów panchromatycznych o wysokiej rozdzielczości z obrazami wielospektralnymi o grubej rozdzielczości lub połączenie aktywnie i biernie odczytywanych danych (obrazy SAR z obrazami wielospektralnymi).

Rysunek 1. Niektóre gatunki (kolor czerwony) roślin uprawnych na zdjęciu satelitarnym

Monitorowanie upraw, ocena szkód

Teledetekcja ma wiele cech, które nadają się do monitorowania zdrowia upraw. Zaletą teledetekcji optycznej (VIR) jest to, że może ona widzieć podczerwień, gdzie długości fal są bardzo wrażliwe na wigor upraw, jak również stres upraw i ich uszkodzenia. Obrazowanie za pomocą teledetekcji daje również wymagany przegląd przestrzenny terenu. Teledetekcja może pomóc w identyfikacji upraw dotkniętych warunkami, które są zbyt suche lub mokre, dotkniętych przez owady, chwasty lub grzyby lub szkodami związanymi z pogodą (rys. 2). Zdjęcia można uzyskiwać przez cały okres wegetacyjny, aby nie tylko wykrywać problemy, ale także monitorować powodzenie zabiegów. Wykrywanie uszkodzeń i monitorowanie zdrowia roślin wymaga obrazów o wysokiej rozdzielczości, obrazów wielospektralnych i możliwości obrazowania w wielu porach roku. Jednym z najbardziej krytycznych czynników wpływających na użyteczność zdjęć dla rolników jest szybki czas przejścia od zbierania danych do rozpowszechniania informacji o uprawach.

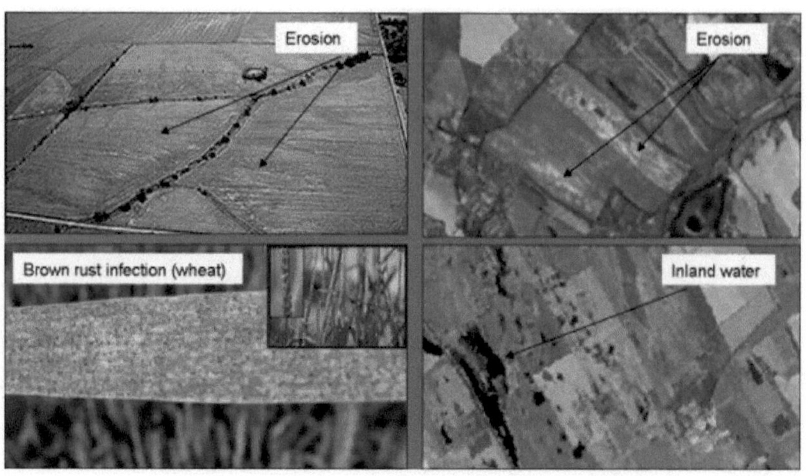

Rysunek 2. Problemy wewnątrz pól uprawnych

Mapowanie gleby

Zakłócenia gleby wynikające z użytkowania gruntów wpływają na jakość naszego środowiska. Zasolenie, zakwaszenie gleby i erozja to niektóre z problemów. Teledetekcja jest dobrą metodą mapowania i przewidywania degradacji gleby. Warstwy gleby wznoszące się na powierzchnię w trakcie erozji mają inny kolor, odcień i strukturę niż gleby nie podlegające erozji, dlatego też na zdjęciach można łatwo zidentyfikować części gleby, które uległy erozji (Rysunek 3). Wykorzystując zdjęcia wieloczasowe możemy badać i mapować dynamiczne cechy - rozszerzanie się erozji, wilgotność gleby. Próby badania procesów degradacji gruntu oraz konieczność prognozowania degradacji doprowadziły do stworzenia modeli erozji. Niezbędne informacje (parametry modeli; Universal Soil Loss Equation (USLE) do modelowania mogą być często uzyskiwane z obrazów satelitarnych. Pokrywa roślinna jest głównym czynnikiem erozji gleby.

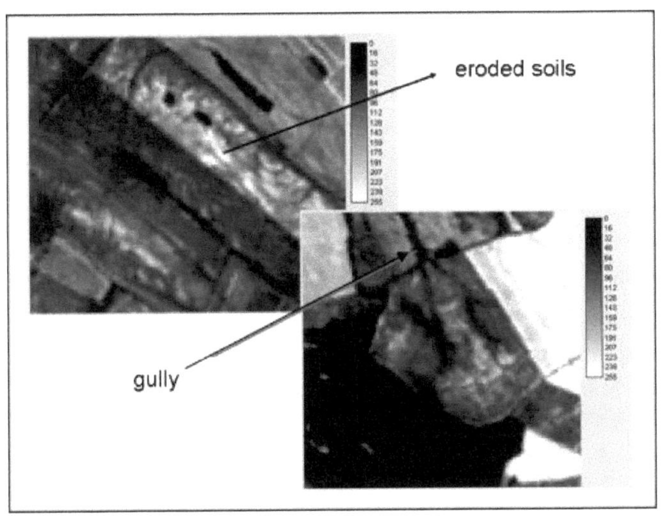

Rysunek 3. Pewien rodzaj erozji w obrazie satelitarnym

Mapowanie lasów

Jednym z podstawowych zastosowań jest typowanie pokrywy leśnej i identyfikacja gatunków. Typowanie pokrywy leśnej może polegać na sporządzaniu map rozpoznawczych na dużej powierzchni, natomiast inwentaryzacja gatunkowa jest bardzo szczegółowym pomiarem zawartości i charakterystyki drzewostanu (rodzaj drzewa, wysokość, zagęszczenie). Za pomocą danych teledetekcyjnych możemy zidentyfikować i rozgraniczyć różne typy lasu, które byłyby trudne i czasochłonne, wykorzystując tradycyjne badania terenowe. Dane są dostępne w różnych skalach i rozdzielczościach w celu zaspokojenia lokalnych lub regionalnych potrzeb. Wymagania dotyczące mapowania rozpoznawczego zależą od skali badań. Do mapowania potrzebne są różnice w pokryciu lasu (faktura korony, gęstość liści,):

- Obrazy wielospektralne, do uzyskania szczegółowej identyfikacji gatunków wymagane są dane o bardzo wysokiej rozdzielczości.

- Wielokrotne zbiory danych obrazów dostarczają informacji fenologicznych na temat sezonowych zmian różnych gatunków.

- Zdjęcia stereo pomagają w wyznaczaniu i ocenie gęstości, wysokości drzew i gatunków

- Obrazy hiper-spektralne mogą być wykorzystywane do generowania sygnatur gatunków roślin i pewnych stresów (np. infekcji) na drzewach. Dane hiper-spektralne oferują unikalny widok pokrywy leśnej, dostępny wyłącznie dzięki technologii teledetekcji.

- RADAR jest bardziej przydatny do zastosowań w wilgotnych strefach tropikalnych, ponieważ wszystkie możliwości obrazowania pogody są cenne dla monitorowania lasów.

- Dane LiDAR pozwalają na trójwymiarową strukturę lasu. Systemy wielokrotnego powrotu są w stanie wykryć wysokość terenu i znajdujące się na nim obiekty. Dane LIDAR pomagają oszacować wysokość drzewa, powierzchnię korony i liczbę drzew na jednostkę powierzchni.

Wyraźne mapowanie i wylesianie

Jednym z ważnych globalnych problemów jest wylesianie (rys. 4). Ma on wiele konsekwencji: w uprzemysłowionych częściach świata zanieczyszczenia (kwaśne deszcze, sadza i substancje chemiczne pochodzące z dymnic fabrycznych) zniszczyły duży odsetek terenów leśnych, w krajach tropikalnych cenne lasy deszczowe są niszczone w celu oczyszczenia potencjalnie wartościowych terenów rolniczych i pastwisk. Utrata lasów zwiększa erozję gleby, zamulanie

rzek i osadzanie się, co wpływa na środowisko naturalne.

Rysunek 4. Monitorowanie wycinki lasu (LANDSAT TM 1992 i 2000). Źródło: http://www.hso.hu/cgi-bin/page.php?page=84)

Pokrycie terenu

Mapowanie pokrycia terenu jest jednym z najważniejszych i najbardziej typowych zastosowań danych teledetekcyjnych. Pokrycie powierzchni ziemi odpowiada fizycznemu stanowi powierzchni ziemi, np. las, użytki zielone, betonowa nawierzchnia itd., natomiast użytkowanie ziemi odzwierciedla działalność człowieka, np. użytkowanie gruntów, strefy przemysłowe, strefy mieszkalne, pola uprawne itd. Poziom i klasa powinny być zaprojektowane z uwzględnieniem celu użytkowania (krajowego, regionalnego lub lokalnego), rozdzielczości przestrzennej i spektralnej danych teledetekcyjnych, wniosku użytkownika itd.

Wykrywanie zmian pokrycia terenu jest niezbędne do aktualizacji map pokrycia terenu i zarządzania zasobami naturalnymi. Zmiana jest zwykle wykrywana przez porównanie dwóch obrazów wielodniowych, a czasami przez porównanie starej mapy z uaktualnionym obrazem teledetekcyjnym.

- zmiana sezonowa :grunty rolne i lasy liściaste zmieniają się sezonowo

- Zmiana roczna: zmiany pokrycia terenu lub użytkowania gruntów, które są zmianami rzeczywistymi, na przykład wylesiane obszary lub nowo budowane miasta.

Informacje o pokryciu terenu i zmieniających się wzorcach pokrycia terenu są bezpośrednio przydatne do określania i wdrażania polityki ochrony środowiska i mogą być wykorzystywane wraz z innymi danymi do przeprowadzania złożonych ocen (np. mapowanie ryzyka erozji).

Użytkowanie gruntów

Zastosowania teledetekcji w zakresie użytkowania gruntów obejmują następujące elementy:

- Zarządzanie zasobami naturalnymi

- Mapowanie bazowe dla wejścia GIS

- Ochrona siedlisk dzikiej przyrody

- Planowanie tras i logistyka dla działalności sejsmicznej/poszukiwawczej/wydobywczej zasobów
- granice prawne w zakresie wyceny podatkowej i wyceny nieruchomości
- stan miasta i jego rozbudowa / wkroczenie
- Wykrywanie celu - identyfikacja pasów lądowania, dróg, polan, mostów, interfejsu lądowo-wodnego
- Rozgraniczenie szkód (tornada, powódź, wulkaniczne, sejsmiczne, pożar).

Geologia

Teledetekcja jest wykorzystywana jako narzędzie do pozyskiwania informacji o strukturze, składzie lub podpowierzchniowej powierzchni ziemi, ale często jest łączona z innymi źródłami danych zapewniającymi pomiary uzupełniające.

Dane wielospektralne mogą dostarczyć informacji na temat litologii lub składu skał opartego na odbiciu spektralnym. Radar zapewnia ekspresję topografii i chropowatości powierzchni, a tym samym jest niezwykle cenny, zwłaszcza gdy jest zintegrowany z innym źródłem danych w celu zapewnienia szczegółowej rzeźby.

Geologiczne zastosowania teledetekcji obejmują następujące elementy:

- Depozyt powierzchniowy / mapowanie skały macierzystej
- mapowanie litologiczne
- Mapowanie strukturalne
- Poszukiwanie/wydobycie piasku i żwiru (kruszywa)
- Badania mineralne
- Poszukiwanie węglowodorów
- Geologia środowiska
- Geobotany

- Infrastruktura bazowa
- Mapowanie i monitorowanie sedymentacji
- Mapowanie i monitorowanie zdarzeń
- Mapowanie zagrożeń geograficznych
- Mapowanie planetarne

Hydrologia

Teledetekcja oferuje synoptyczne spojrzenie na rozmieszczenie przestrzenne i dynamikę zjawisk hydrologicznych, często nieosiągalne w przypadku tradycyjnych badań gruntu.

Radar nadał nowy wymiar badaniom hydrologicznym dzięki możliwościom aktywnego wykrywania, pozwalając na uwzględnienie w oknie czasowym pozyskiwania obrazu niesprzyjających warunków pogodowych lub sezonowych czy dziennych ciemności.

Przykłady zastosowań hydrologicznych obejmują:

- Mapowanie i monitorowanie terenów podmokłych
- Monitorowanie pokrywy śnieżnej / określanie zasięgu
- Określanie ekwiwalentu wody śniegowej
- Mapowanie i monitorowanie powodziowe
- Wykrywanie zmian w rzece /delcie
- Wykrywanie wycieku z kanału irygacyjnego
- Oszacowanie wilgotności gleby
- Pomiar grubości śniegu
- Monitoring lodu w rzekach i jeziorach
- Monitorowanie dynamiki lodowca (przepięcia, ablacja)
- Mapowanie zlewni i modelowanie działu wodnego

- Harmonogram nawadniania

Lód morski

Dane z teledetekcji mogą być wykorzystywane do identyfikacji i mapowania różnych rodzajów lodu, lokalizowania przewodów (duże żeglowne pęknięcia w lodzie) oraz monitorowania ruchu lodu. Przy obecnej technologii, informacje te mogą być przekazywane klientowi w bardzo krótkim czasie od momentu pozyskania.

Użytkownikami tego typu informacji są m.in. Straż Przybrzeżna, władze portowe, komercyjna żegluga i rybołówstwo, konstruktorzy statków, zarządcy zasobów (ropy i gazu / górnictwo), firmy zajmujące się budową infrastruktury i konsultanci środowiskowi, agenci ubezpieczeń morskich, naukowcy i komercyjni organizatorzy wycieczek.

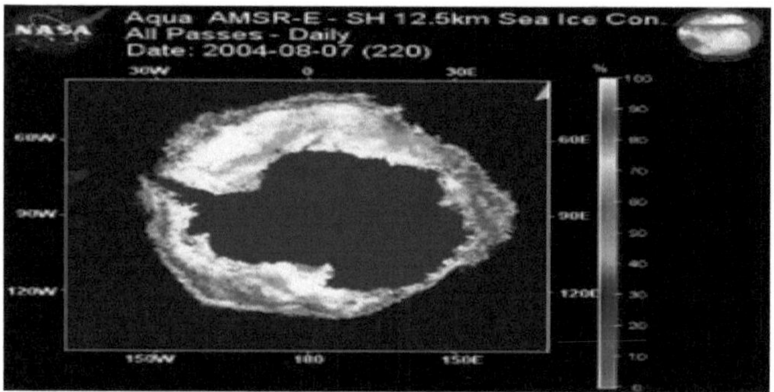

<u>Rysunek 5: Stężenie lodu morskiego na Antarktydzie w zakresie od 0 % (fioletowy) do 100 % (biały)</u>

Przykłady informacji na temat lodu morskiego i zastosowań obejmują:

- Stężenie lodu
- Wykrywanie i śledzenie góry lodowej
- Taktyczna identyfikacja przewodów: nawigacja: bezpieczne trasy żeglugi/ratownictwo

- Stan lodu (stan rozkładu)
- Monitorowanie zanieczyszczeń
- Rodzaj lodu / wiek / ruch
- Topografia powierzchni
- Historyczne warunki i dynamika lodu i gór lodowych dla celów planowania
- Siedlisko dzikiej przyrody
- Badania meteorologiczne / dotyczące zmian globalnych

Oceany i monitoring wybrzeża

Linie brzegowe są wrażliwymi ekologicznie interfejsami pomiędzy oceanem a lądem i reagują na zmiany spowodowane rozwojem gospodarczym i zmieniającymi się wzorcami użytkowania gruntów.

Często linie brzegowe są również biologicznie zróżnicowanymi strefami międzypływowymi, a także mogą być silnie zurbanizowane. Ze względu na to, że ponad 60% ludności świata mieszka w pobliżu oceanu, strefa przybrzeżna jest regionem narażonym na coraz większy stres związany z działalnością człowieka.

Agencje rządowe zajmujące się wpływem działalności człowieka w tym regionie potrzebują nowych źródeł danych, dzięki którym będą mogły monitorować tak zróżnicowane zmiany, jak erozja wybrzeża, utrata siedlisk przyrodniczych, urbanizacja, ścieki i zanieczyszczenie wód przybrzeżnych. Wiele z dynamiki otwartego oceanu i zmian w regionie przybrzeżnym można odwzorować i monitorować za pomocą technik teledetekcji.

Rysunek 6: Ten obraz satelitarny przedstawia codzienną migawkę rozkładu temperatur wody powierzchniowej na północno-wschodnim szelfie kontynentalnym USA.

Oceaniczne zastosowania teledetekcji obejmują następujące elementy:

Identyfikacja wzoru oceanicznego

- prądy, cyrkulacja regionalna, strefy czołowe nożyc, fale wewnętrzne, fale grawitacyjne, wiry, strefy wynurzania, wody płytkie
- batymetria

Ocena zasobów rybnych i ssaków morskich

- monitorowanie temperatury wody
- jakość wody
- Wydajność oceanu, stężenie fitoplanktonu i dryfowanie
- Inwentaryzacja i monitorowanie akwakultury

Wycieki ropy naftowej

- Mapowanie i przewidywanie zasięgu i znoszenia wycieku oleju
- Strategiczne wsparcie dla decyzji dotyczących reagowania na wypadek wycieku ropy naftowej
- Identyfikacja naturalnych obszarów przesiąkania ropy naftowej do celów eksploracji

Wysyłka

- Trasa nawigacji
- Badania natężenia ruchu
- Operacyjny nadzór nad rybołówstwem
- Mapowanie batymetrii bliskiego brzegu

Strefa pływowa

- Skutki pływów i burzy
- Rozgraniczenie interfejsu ląd/woda
- Mapowanie cech linii brzegowej / dynamika plaży
- Mapowanie roślinności przybrzeżnej
- Działalność ludzka / wpływ

Prognozowanie sztormu

- Pozyskiwanie wiatrów i fal

Monitorowanie atmosfery

Pomiary i obserwacje atmosfery (a zwłaszcza troposfery) są najważniejszym warunkiem wstępnym naszego zrozumienia pogody i klimatu. Modele numeryczne atmosfery zrewolucjonizowały przygotowanie prognoz pogody, choć zamiast zmniejszać zapotrzebowanie na obserwacje, modele takie zwiększyły świadomość znaczenia danych poprzez schematy asymilacji.

Parametry meteorologiczne mierzone za pomocą teledetekcji:

Promieniowanie:

- o Energia promieniowania i jej rozkład spatiotemporalny jest siłą napędową dynamiki atmosferycznej. Aby zrozumieć pogodę i klimat, konieczne są pomiary promieniowania, które wchodzi i wychodzi z układu ziemia-atmosfera.

Temperatura powierzchni:

- Dane dotyczące temperatury powierzchni morza (SST) i temperatury powierzchni lądu (LST) z przestrzeni dostarczają informacji na temat interakcji pomiędzy oceanem/lądem a atmosferą, takich jak procesy parowania i dynamika warstw granicznych.

Wiatr:

- Pola wiatrowe pochodzące z satelitów dostarczają ciągłych, obszarowych informacji o dynamice atmosferycznej w wysokiej rozdzielczości przestrzennej i czasowej, co jest bardzo korzystne jako parametr wejściowy dla numerycznych prognoz pogody. Tak więc, wektory ruchu atmosferycznego, uzyskane poprzez śledzenie cech atmosferycznych (np. chmury) z satelitami były jednym z pierwszych produktów danych satelitarnych zasymilowane w globalnej numerycznej prognozy pogody.

Para wodna:

- Para wodna jest głównym gazem cieplarnianym w atmosferze i kluczowym składnikiem globalnego klimatu. Jest ona ważna dla wielu procesów atmosferycznych, takich jak przenoszenie promieniowania, dynamika obiegu, tworzenie się chmur, opady i efekt cieplarniany. Informacje na temat rozmieszczenia i zmienności pary wodnej w atmosferze mają decydujące znaczenie dla zrozumienia tych procesów kontrolujących budżet radiologiczny Ziemi i cykl hydrologiczny.

Gazy:

- W odpowiedzi na rosnący wpływ człowieka na ewolucję globalnego klimatu i stratosferycznej warstwy ozonowej podjęto wiele wysiłków w celu zrozumienia podstawowych procesów chemicznych i fizycznych oraz roli antropogenicznych emisji gazów. Aby osiągnąć ten cel, istnieje wyraźna potrzeba globalnej obserwacji emisji gazów i ich stężenia w systemie atmosfery ziemskiej.

Aerozole:

- Aerozole w troposferze są głównym parametrem wymuszającym klimat, ze względu na bezpośredni i pośredni efekt aerozolu. Pomimo tego znaczenia nadal istnieją znaczne wątpliwości co do właściwości fizycznych i optycznych aerozoli troposferycznych oraz ich interakcji z globalnym klimatem. Wynika to głównie z niewystarczającej wiedzy ilościowej na temat globalnych właściwości aerozoli i ich zmienności w czasie. W celu oceny efektów promieniowania aerozoli wraz z wielkością i potencjalną zmiennością klimatu aerozolowego wymuszającą monitorowanie aerozoli w skali globalnej jest zatem niezbędne.

Chmury:

- identyfikacja i właściwości: identyfikacja chmur w obrazie satelitarnym jest ważnym pierwszym krokiem w procesie uzyskiwania zarówno właściwości powierzchniowych, jak i atmosferycznych. W przeszłości opracowano różne techniki klasyfikacji chmur dla różnych systemów satelitarnych i do różnych celów. Typowe parametry chmur, które można uzyskać na podstawie danych satelitarnych i które są przydatne do takich badań, obejmują wysokość chmury na szczycie, grubość optyczną chmury, efektywny promień cząstek chmury, drogę wody w stanie ciekłym i fazę chmury.

Opady:

- Opady atmosferyczne są kluczowym czynnikiem globalnego obiegu wody i wpływają na wszystkie aspekty życia ludzkiego. Ze względu na swoje ogromne znaczenie i dużą zmienność przestrzenną i czasową, prawidłowe wykrywanie i kwantyfikowanie opadów atmosferycznych jest jednym z głównych celów meteorologicznych misji satelitarnych.

Podsumowanie

Dane uzyskane za pomocą teledetekcji wykazały ogromny potencjał w zakresie zastosowań w różnych dziedzinach, na przykład w mapowaniu i wykrywaniu użytkowania gruntów, mapowaniu geologicznym, zastosowaniach związanych z zasobami wodnymi (zanieczyszczenie, ocena eutrofizacji jezior), mapowaniu terenów podmokłych, planowaniu przestrzennym i regionalnym, inwentaryzacji środowiska, ocenie klęsk żywiołowych lub zastosowaniach archeologicznych i innych. W tej jednostce położyliśmy nacisk na kilka przykładów pól dotykowych, aby pokazać teledetekcję jako źródło danych i korzyści płynące z zastosowań teledetekcji.

Referencje

- Maxwell, S. K., J. Meliker i P. Goovaerts (2010)." Use of land surface remotely sensed satellite and airborne data for environmental exposure assessment in cancer research", Journal of Exposure Science and Environmental Epidemiology (2010), 20, 176-185.

- T. Bowles, "Remote Sensing and Geospatial Data Used as Evidence. A Survey of Caselaw", Crowsey,http://www.crowsey.com/publications.asp, 2002, dostęp: 5 maja 2006.

- Lawrence, R., A. Bunn., S. Powell. i M. Zambon (2004). Classification of Remotely Sensed Imagery using Stochastic Gradient Boosting as a Refinement of Classification Tree Analysis, Remote Sensing of the Environment, 90.331-336.

- K.S. Lee i S.I. Lee (2003). Assessment of post - flooding conditions of rice fields with multi-temporal SAR data, International journal of Remote sensing, 24(17), 3457 - 3465.

- Juan Piedra Vilches (2003). Detection of areas affected by flooding river using SAR images, Master in Space applications for emergency early warning and response, 40 stron.

Printed by Books on Demand GmbH, Norderstedt / Germany